波浪能發電裝置設計和製造

劉延俊著

崧燁文化

前言

能源和環境問題一直受到各國政府、國際組織和普通民衆的高度關注，發展可再生能源已成爲全球共識。波浪能作爲可再生海洋能，具有巨大的開發潛力，是一種極具發展前景的清潔能源，已有二百多年的開發歷史，近幾年取得了許多突破性進展，不同形式的波浪能利用裝置相繼被製造出來。

中國自 20 世紀 70 年代開始波浪能的研究工作，80 年代後獲得較快發展，主要研究機構有國家海洋技術中心、中國科學院廣州能源研究所以及各大高校等，先後製造了擺式發電裝置、航標式微型波能轉換裝置、多諧振盪水柱型沿岸固定式電站、岸式振盪浮子發電站、直驅式海試裝置等不同類型的波浪能發電裝置。波浪能利用技術經歷了理論論證到樣機海試的過程，從能夠發電向穩定發電方向進展，正在逐步走向成熟。

目前，中國相關單位在波浪能發電裝置的設計和製造方面積累了豐富經驗，但實現大規模、商業化應用還有一定距離，一是因爲效率和可靠性還有待提高，二是波浪能行業還沒有現成標準和規範。著者近年來一直從事海洋可再生能源技術與裝備、深海探測技術與裝備的開發研究工作，帶領團隊承擔並完成了「國家海洋局可再生能源專項資金項目‘120kW 漂浮式液壓海浪發電站中試’」「橫軸轉子波浪能發電裝置」「沉積物捕獲器」「海底底質沉積物聲學現場探測設備優化設計與研發」等海洋相關項目，在海洋裝備與波浪能開發利用技術方面取得了豐碩成果並積累了寶貴經驗。

爲了進一步推動中國波浪能發電技術的發展，普及波浪能發電裝置設計製造的相關知識和技術，促進波浪能的廣泛應用，本書分析了當前波浪能及相關海洋能的發展現狀，對波浪能理論進行了推導，列舉了幾種常見的波浪能轉換系統，對液壓轉換系統和控制系統進行了詳細的設計和分析，並以著者團隊承擔的漂浮式液壓海浪發電裝置爲例完整地介紹了波浪能發電裝置的實施海域水文資料、理論分析、機械結構與電氣控制系統設計、裝置製造、試驗測試，以及陸地和實海況試驗等過程。期望能夠對從事波浪能技術研究的相關人員起到拋磚引玉的作用。

本書由機械工程學院、高效潔净機械製造教育部重點實驗室、海洋研究院劉延俊結合多年從事波浪能發電裝備開發研究的經驗編寫，在編寫過程中，團隊成員李世振、張偉、張健、薛鋼、賀彤彤、楊曉瑋、顏飛、孫景餘、劉婧文、漆焱、丁洪鵬、武爽、孟忠良、侯雲星、薛海峰等在文獻收集、文字錄入等方面做了大量工作。

由於學識水平有限，書中不足之處在所難免，懇求廣大讀者和從事相關研究的專家及同行批評指正。

著者

目錄

第1章

緒論

當代社會經濟發展對能源的需求無限增長，而傳統能源的開發與利用是有限的，且對環境有一定破壞作用。以可再生能源爲標誌的新能源，具有開發與應用的巨大潛力，並對環境破壞很小，海洋能就是這樣的新能源。人類對於海洋能源的研究、開發與應用，總體上還處於起步階段。中國是一個能源消耗大國，對於新能源的開發是當前研究的熱點。

在我們生活的這個星球，海洋面積占了總面積的 71%。海洋中蘊含著豐富的生物資源、礦物資源以及海洋能資源，在不久的將來，其必將成爲世界經濟社會發展的重要資源寶庫。

所謂「海洋能」，目前學術界没有明確且統一的定義，大致可以分爲廣義和狹義兩種。廣義的海洋能，指海洋能源，即海洋中存在的能源，不論是海洋中蘊藏的，還是海洋產生的。中國工程院曾恆一院士、中國社會科學院工業經濟研究所史丹研究員等學者認爲海洋能包括海洋石油、海洋天然氣、海洋天然氣水化合物、海水能。狹義的海洋能，指海洋滋生、海水運動產生的能量，例如潮汐能、波浪能、海流能、溫差能、鹽差能等。目前學術界在研究海洋能時，更多時候指狹義的海洋能，而官方在發布政策制度時，多使用廣義的海洋能。狹義的海洋能也稱「海洋新能源」，這主要是相對於傳統海洋能源而説的。還有人將海洋能源分爲不可再生的海洋能源和可再生的海洋能源。不可再生的海洋能源就是指傳統海洋能源，可再生的海洋能源則指海洋新能源，也就是本文所指的「海洋能」。

1.1 海洋能分類

海洋能通常是指海洋中所特有的，依附於海水的可再生自然能源，即潮汐能、潮流能、波浪能、海流能、溫差能和鹽差能。究其成因，除潮汐能和潮流能是由於月球和太陽引潮力作用產生以外，其他海洋能均來源於太陽輻射。

海洋能按能量的儲存形式可分爲機械能、熱能和物理化學能。海洋機械能也稱流體力學能，包括潮汐能、波浪能、海流能；海洋熱能是指溫差能，也稱海洋溫度梯度能；海洋物理化學能是指鹽差能，也稱海洋鹽度梯度能、濃差能。

1.1.1 潮汐能

在地球與月球、太陽做相對運動中產生的作用於地球上海水的引潮力（慣性離心力與月球或太陽引力的向量和，見圖 1-1），使地球上的海水形成週期性的漲落潮現象。這種漲落潮運動包含兩種運動形式：漲潮時，隨著海水向岸邊流動，岸邊的海水水位不斷上升，海水流動的動能轉化爲位能；落潮時，隨著海水的離岸流動，岸邊的海水水位不斷下降，海水的位能又轉化爲動能。通常稱水位的垂直上升和下降爲潮汐，海水的向岸和離岸流動爲潮流。海水的漲、落潮運動所攜帶的能量也由兩部分組成，海水的垂直升、降攜帶的能量爲位能，即潮汐能；海水的流動攜帶的能量爲動能，即潮流能。我們的祖先爲了表示生潮的時刻，把發生在早晨的高潮叫潮，發生在晚上的高潮叫汐。

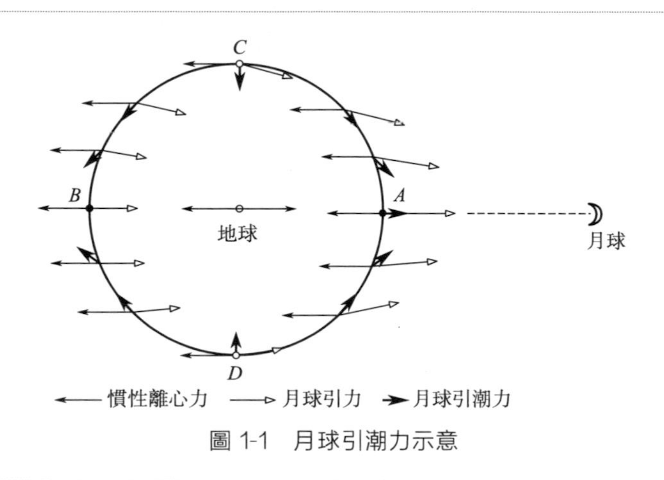

圖 1-1　月球引潮力示意

潮汐根據週期又可分爲以下三類：半日潮型、全日潮型、混合潮型。半日潮型是指一個太陽日內出現兩次高潮和兩次低潮，前一次高潮和低潮的潮差與後一次高潮和低潮的潮差大致相同，漲潮過程和落潮過程的時間也幾乎相等，如中國渤海、東海、黃海的多數地點爲半日潮型。全日潮型是指一個太陽日內只有一次高潮和一次低潮，如南海汕頭、渤海秦皇島等。混合潮型是指一月內有些日子出現兩次高潮和兩次低潮，但兩次高潮和低潮的潮差相差較大，漲潮過程和落潮過程的時間也不等，而另一些日子則出現一次高潮和一次低潮，如中國南海多數地點屬混合潮型。

潮汐的能量與漲、落潮的潮水量以及潮差（一個潮汐週期內最高潮水位與最低潮水位之差，見圖 1-2）成正比，因爲一個潮汐週期內漲潮和落潮的水量爲水庫平均面積與潮差的乘積，所以也可以說潮汐的能量與潮差的平方以及水庫平均面積成正比。

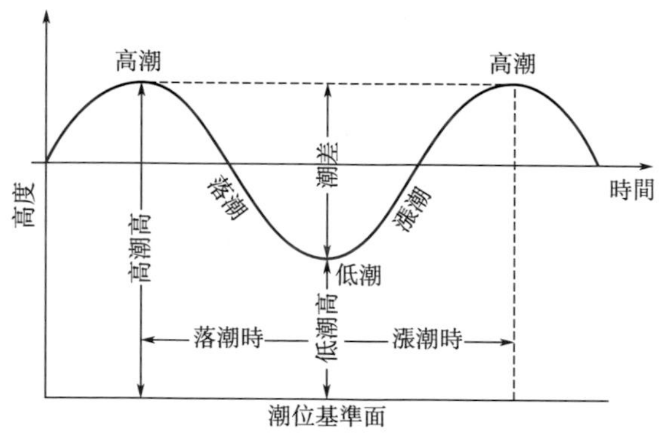

圖 1-2　潮汐水位漲落示意

1.1.2 波浪能

波浪能是指海洋表面波浪所具有的動能和位能，是海面在風力作用下產生的波浪運動所具有的能量，它實質上是吸收了風能而形成的。波浪的能量與波高的平方、波浪的運動週期以及迎波面的寬度成正比。

全世界波浪能的理論估算值爲 10^9kW 量級。利用中國沿海海洋觀測臺站資料估算得到，中國沿海理論波浪年平均功率約爲 1.3×10^7kW。但由於不少海洋臺站的觀測地點處於內灣或風浪較小位置，實際的沿海波浪功率要大於此值。波浪能量巨大，存在廣泛，吸引著人們想盡各種辦法利用海浪。

波浪能具有能量密度高、分布面廣等優點。它是一種取之不竭的可再生清潔能源。尤其是在能源消耗較大的冬季，可以利用的波浪能能量也最大。小功率的波浪能發電，已在導航浮標、燈塔等方面獲得推廣應用。中國有廣闊的海洋資源，沿海波浪能能流密度爲 2～7kW/m。在能流密度高的地方，每 1m 海岸線外波浪的能流就足以爲 20 個家庭提供照明。

最早的波浪能利用機械發明專利是 1799 年法國人吉拉德父子獲得的。1854～1973 年的百餘年間，英國登記了波浪能發明專利 340 項，美國爲 61 項。在法國，則可查到有關波浪能利用技術的 600 種説明書。

中國波浪能發電研究成績也很顯著。20 世紀 70 年代以來，上海、青島、廣州和北京等地的研究單位開展了此項研究。用於航標燈的波浪能發電裝置也已投入批量生産。向海島供電的岸式波浪能電站也在試驗之中。

波浪能裝置分爲設置在岸上的和漂浮在海里的兩種。按能量傳遞形式分類有直接機械傳動、低壓水力傳動、高壓液壓傳動、氣壓傳動四種。具體有點頭鴨式、波面筏式、波浪能發電船式、環礁式、整流器式、海蚌式、軟袋式、振盪水柱式、多共振盪水柱式、波流式、擺式、結合防波堤的振盪水柱式、收縮水道式等十餘種。

1.1.3 海流能

海流能是指海水流動的動能，主要是指海底水道和海峽中較爲穩定的流動以及由於潮汐導致的有規律的海水流動所產生的能量，其中一種是海水環流，是指大量的海水從一個海域長距離地流向另一個海域。

海流和潮流的能量與流速的平方以及流量成正比，因爲流量爲流速與過流面積的乘積，所以也可以說海流和潮流的能量與流速的立方成正比。海流能的利用方式主要是發電，其原理和風力發電相似，幾乎任何一個風力發電裝置都可以改造成爲海流發電裝置。由於其放置於水下，海流發電存在著一系列的關鍵技術問題，包括安裝維護、電力輸送、防腐、海洋環境中的載荷與安全性能等。海流發電裝置主要有輪葉式、降落傘式和磁流式。海流發電的開發史還不長，發電裝置還處在原理性研究和小型試驗階段。

1.1.4 溫差能

溫差能是指海洋表層海水和深層海水之間的溫差儲存的熱能，利用這種熱能可以實現熱力循環發電，此外，系統發電的同時還可生產淡水、提供空調冷源等。

海洋受太陽照射，把太陽輻射能轉化爲海洋熱能。在熱帶和亞熱帶地區，表層海水保持在 25～28℃，幾百米以下的深層海水溫度穩定在 4～7℃，用上下兩層不同溫度的海水作熱源和冷源，就可以利用它們的溫度差發電。由於太陽輻射到海洋的大部分熱量被海洋表層海水吸收，以及大洋經向環流熱量輸送等原因，產生了世界大洋赤道兩側表層水溫高，深層水溫低的現象。這種在低緯度海洋中以表層、深層海水溫度差的形式所儲存的熱能稱爲溫差能。其能量與具有足夠溫差（通常要求不小於 18℃）海區的暖水量以及溫差成正比。

海洋溫差能轉化方式包括開式循環和閉式循環：開式循環系統包括真空泵、溫水泵、冷水泵、閃蒸器、冷凝器、透平-發電機組等；閉式循環系統則不用海水而採用低沸點的物質（如氨、丙烷等）作爲工作介質，在閉合回路內反復進行蒸發、膨脹、冷凝。當前，全球海洋溫差能閉式循環研發已經歷了單工質朗肯循環到混合工質卡琳娜（Kalina）循環，再到上原循環的過程，海洋熱能利用效率也從過去的3%左右提高到接近5%。

業內專家指出，溫差能在全球海洋能中儲量最大，全世界溫差能的理論儲量約爲 60×10^{12} W。由於溫差能具有可再生、清潔、能量輸出波動小等優點，因此被視爲極具開發利用價值與潛力的海洋能資源。

相比其他海洋能，中國溫差能還有著得天獨厚的地理條件。中國南海是典型的熱帶海洋，太陽輻射強烈。南海的表層水溫常年維持在25℃以上，而500～800m以下的深層水溫則在5℃以下，兩者間的水溫差在20～24℃之間，溫差能資源非常豐富。目前中國在溫差能設備製造方面與國外先進水平相比差距仍較大。目前主要引進洛克希德・馬丁公司的設備，歸根結底在於中國此前在交換器、透平-發電機組等關鍵部件的研發上投入太少。當前中國關於溫差能的基礎與技術研究非常少，對防海水腐蝕的摩擦焊換熱器以及高效氨透平的研究也都不多。一旦今後溫差能商業利用速度加快，推廣方面將面臨不小的困境。

1.1.5 鹽差能

鹽差能是指海水和淡水之間或兩種含鹽濃度不同的海水之間的化學電位差能，是以化學能形態出現的海洋能，如在沿岸河口地區流入海洋的江河淡水與海水之間的鹽度差（溶液的濃度差）所蘊藏的物理化學能。同時，淡水豐富地區的鹽湖和地下鹽礦也可以利用鹽差能。鹽差能是海洋能中能量密度最大的一種可再生能源。

一般海水含鹽度爲3.5%時，其和河水之間的化學電位差相當於240m水頭差的能量密度，從理論上講，如果這個壓力差能利用起來，從河流流入海中的每立方英尺（1立方英尺≈0.028m^3）的淡水可發電0.65kW・h。利用大海與陸地河口交界水域的鹽度差所潛藏的巨大能量一直是科學家的理想。實際上開發利用鹽差能資源的難度很大，目前已研究出來的最好的鹽差能實用開發系統非常昂貴，這種系統利用反電解工藝（事實上是鹽電池）從鹹水中提取能量。還有一種技術可行的方法是根據淡水和鹹水具有不同蒸氣壓力的原理研究出來的：使水蒸發並在鹽水中冷凝，利用蒸氣氣流使渦輪機轉動。這個過程會使渦輪機的工作狀態類似於開式海洋熱能轉換電站。這種方法所需要的機械裝置的成本也與開式海洋熱能轉換電站幾乎相等。鹽差能的研究結果表明，其他形式的海洋能比鹽差能更值得研究開發。

鹽差能有多種表現形態，最受關注的是以滲透壓形態表現的位能。所謂滲透壓是在兩種濃度不同的溶液之間隔一層半透膜（只允許溶劑通過的膜）時，淡水會通過半透膜向海水一側滲透，海水一側因水量增加而液面不斷升高，當兩側的水位差達到一定高度 h 時，淡水便會停止向海水一側滲透，兩側的水位差 h 稱爲這兩種溶液的滲透壓，滲透壓的大小由兩種溶液的濃度差所決定，如圖 1-3 所示。鹽差能的能量與滲透壓和淡水量（滲透水量）成正比。

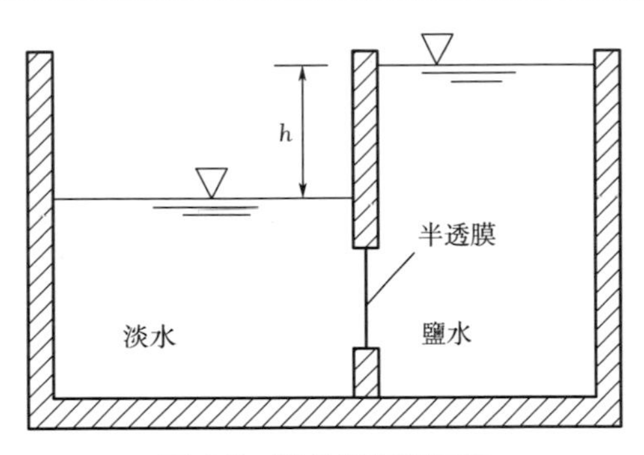

圖 1-3　鹽差能原理示意

據估計，世界各河口區的鹽差能達 30TW，能利用的有 2.6TW。中國的鹽差能估計爲 1.1×10^{8} kW，主要集中在各大江河的出海處，同時，中國青海省等地還有不少內陸鹽湖可以利用。鹽差能的研究以美國、以色列的研究爲先，中國、瑞典和日本等也開展了一些研究。但總體上，對鹽差能這種新能源的研究還處於實驗室實驗水平，離示範應用還有較長的距離。

1.2 中國海洋能開發利用現狀

中國擁有漫長的海岸線和廣闊的海域，蘊藏著豐富的海洋能源，潮汐能、波浪能、溫差能、鹽差能、海流能的可開發儲量分別到達 1.9×10^{8} kW、0.23×10^{8} kW、1.5×10^{8} kW、1.1×10^{8} kW、0.3×10^{8} kW，占世界總儲量的百分比處於世界前列。雖然海洋能的儲量巨大，但由於海洋能開發技術障礙，其開發利用大多還處於研究和實驗階段。

1.2.1 潮汐能的開發利用現狀

中國蘊藏著豐富的潮汐能資源。但中國潮汐能在地理空間分布上十分不均勻，其中河口潮汐能資源最豐富的是錢塘江口，沿海潮差最大的是東海。目前，相比於海洋能中其他能源的開發和利用，中國對於潮汐能的開發技術比較成熟。不過，潮汐發電對自然條件的要求比較高。

據統計，中國潮汐能蘊藏量爲 1.9×10^{8}kW，其中可供開發的約 3.85×10^{8}kW，年發電量 8.7×10^{10}kW。中國建設了多達 400 座潮汐電站，其中以福建省和浙江省最多，福建 88 座，浙江 73 座。建成並長期運行的有 8 座，其中浙江省有 3 座。建設潮汐電站不僅緩解了當地能源緊張局面，同時還發展了水產養殖、圍塗、旅遊、交通運輸等產業，產生了巨大的經濟效益。以浙江江廈電站爲例，江廈電站以發電爲主，同時還有海產養殖、海塗圍墾等綜合效益。截至 2015 年 12 月，江廈電站共安裝 6 臺水輪發電機組，總裝機容量 4100kW，年發電總量達到 7.2×10^{7}kW 時，累計發電 2×10^{8}kW 時。經過多年的發展，中國潮汐發電技術日臻成熟，發電量已經居世界第三位，發展前景十分看好。表 1-1 爲中國現有潮汐電站情況。

表 1-1 中國現有潮汐電站

站名	所在省區	建成時間	運行方式	裝機容量/kW
海山	浙江	1975 年	雙向發電	120
白沙口	山東	1978 年	單向發電	960
瀏河	江蘇	1976 年	雙向發電	150
鎮口	廣東	1972 年	雙向發電	156
果子山	廣西	1977 年	單向發電	40
江廈	浙江	1985 年	雙向發電	4100
幸福洋	福建	1989 年	單向發電	1280
岳普	浙江	1971 年	單向發電	1500

今後中國可利用有利條件大力發展潮汐能，走可持續發展道路。可以積極借鑒英國、瑞典等潮汐發電技術相對成熟國家的新技術，例如新型的潮汐發電裝置、水下潮汐電站等，並且要自主研發出該方面的新技術。

1.2.2 波浪能的開發利用現狀

目前波浪能主要的利用方式是波浪能發電，此外，波浪能還可以用於抽水、供熱、海水淡化以及製氫等。利用波浪能發電就是利用能量守恆定理，將水的動能和位能轉換爲機械能，帶動發電機發電。

波浪能是可再生能源中最不穩定的能源，波浪不能定期產生，各地區波高也不一樣，由此造成波浪能利用上的困難。波浪能利用的關鍵是波浪能轉換裝置。通常波浪能要經過三級轉換：第一級爲受波體，它將大海的波浪能吸收進來；第二級爲中間轉換裝置，它優化第一級轉換，產生出足夠穩定的能量；第三級爲發電裝置，與其他發電裝置類似。

中國對於波浪能的研究始於 20 世紀 70 年代。中國在 1975 年製成並投入試驗了 1 臺 1kW 的波浪能發電裝置，通過不斷的試驗取得了改良和升級。中國在波浪能發電導航燈標方面的技術處於國際領先水平，並已向海外出口。在波浪能發電站建設方面，中國科學院廣州能源研究所在 1989 年建成 3kW 的多振盪水柱型波浪能電站，經過不斷研究改良於 1996 年試發電成功，並已經升級成一座 20kW 的波浪能電站，成功向島上居民提供補充電源。廣東省汕尾市在 2005 年建成了世界上首座獨立穩定的波浪能電站。

在波浪能團隊建設方面，近年來隨著中國波浪能發電技術研究的不斷進步和發展，涌現了一批優秀的波浪能研究團隊，製造出了一些具有影響力的波浪能發電裝置，例如中國科學院廣州能源研究所研發的鷹式波浪能發電裝置，山東大學研發的 120kW 漂浮式液壓波浪能發電站，中國海洋大學研發的 110 千瓦級組合型振盪浮子波浪能發電裝置，國家海洋技術中心研發的 100kW 浮力擺式波式發電裝置——該發電裝置於 2012 年 7 月在大管島海域試運行，經受住了 12 級颱風的考驗。

1.2.3 溫差能的開發利用情況

海洋溫差發電技術的研究在熱動力循環的方式、高效緊湊型熱交換器、工質選擇以及海洋工程技術等方面均已取得長足的發展，很多技術已漸趨成熟。系統方面以閉式循環最爲成熟，已經基本上達到商業化水準，開式循環的主要困難是低壓汽輪機的效率太低。熱交換器是海洋溫差發電系統的關鍵設備，它對裝置的效率、結構和經濟性有直接的重要影響，其性能的關鍵是它的形式和材料。最新的洛倫兹循環有機液體透平能在 20～22℃溫差下工作，適用於閉式循環裝置中。

中國研究工作起步晚，目前對於海洋溫差能的研究仍處於實驗階段。其原因主要包括以下兩方面：一方面，溫差能的開發技術和方法要求水平比較高，尤其是發電機轉換裝置、滲透膜技術、反電滲析法的能量轉換效率和功率密度的方法等，專業技術性較高，而中國在這方面的發展比較落後；另一方面，中國海洋溫差能分布不均，並且受季節變化等自然因素影響比較大，對其進行開發具有一定難度。

1985 年中國科學院廣州能源研究所開始對溫差利用中的「霧滴提升循環」方法進行研究，這種方法利用表層和深層海水之間的溫降來提高海水的位能。據計算，溫度從 20℃降到 7℃時，海水所釋放的熱量可將海水提升到 125m 的高度，然後通過水輪機發電。2012 年，國家海洋局第一海洋研究所研究員劉偉民率領的團隊，成功研發出了 15kW 溫差能發電裝置，該項目的成功實驗，標誌著中國在海洋能尤其是鹽差能開發方面取得了巨大進步。

海洋溫差發電存在著若干技術難題，它們是制約技術發展的瓶頸，如熱交換器表面容易附著生物使表面換熱係數降低，對整個系統的經濟性影響極大。冷熱海水的流量要非常大才能獲得所希望的功率，冷水管是未來發展面臨的極大挑戰。開式循環系統的低壓汽輪機效率太低，這也是開式循環系統還不能商業化的重要原因。

1.2.4 鹽差能的開發利用情況

鹽差發電是美國人在 1939 年首先提出來的。自 20 世紀 60 年代，特別是 70 年代中期以來，世界許多發達工業國家，如美國、日本、英國、法國、俄羅斯、加拿大和挪威等對海洋能利用都非常重視，投入了相當多的財力和人力進行研究。鹽差能的探索相對要晚一些，規模也不大，海洋開發環境嚴酷，投資大，存在風浪海流等動力不確定因素，入海口又有水流冲擊和颱風影響，同時海水腐蝕、泥沙淤積，以及水生物附著等問題也有待考慮。

鹽差能主要存在於河海交匯處，也就是江河入海口處，目前中國對於鹽差能的開發尚未形成產業化。中國地域廣闊，河流衆多，鹽差能的蘊藏量十分豐富。據統計，全國每年江河流入海中的水流量約 $1.6\times10^{12}m^3$，其中 23 個主要河流的水流量共計達 $1.4\times10^{12}m^3$，僅長江的水流量就達 $9.1\times10^{11}m^3$，占 23 個主要河流水流量的近 65%。中國沿海的鹽差能蘊藏量高達 $3.58\times10^{15}kJ$，理論上的發電功率達 $1.14\times10^{8}kW$。此外，中國鹽差能資源主要分布在沿海城市的近海河口區，尤其以長江及長江以南的近海河口蘊藏量最爲豐富，該地區的鹽差能蘊藏量約占全國的 92%，其中長江的理論儲藏量爲 $2214\times10^{12}kJ$，理論功率爲 70220MW，約占全國的 61.6%，珠江的理論儲藏量爲 $694.9\times10^{12}kJ$，理論功率爲22030MW，約占全國的19.3%；就省市而言，位於長江口的上海市鹽差能儲量最大，其次是廣東、福建、浙江；就海區而言，東海最大，理論蘊藏量達10520.4×10^{12}kJ，理論功率達81051MW，占全國的71%，其次是南海、渤海、黃海。同時，中國青海省等地還有不少內陸鹽湖存在可以被利用的鹽差能。

從全球情況來看，鹽差發電的研究都還處於不成熟的規模較小的實驗室研究階段，目前世界上只有以色列建了一座1.5kW的鹽差能發電實驗裝置，實用性鹽差能發電站還未問世，但隨著對能源越來越迫切的需求和各國政府及科研力量的重視，鹽差發電的研究將越來越深入，鹽差能及其他海洋能的開發利用必將出現一個嶄新的局面。有專家預測，在2020年後，全球海洋能源的利用率將是目前的數百倍，科學家相信，21世紀人類將步入開發海洋能源的新時代。

1.3 海洋能特點

(1) 能量密度低，但總蘊藏量大，可再生

各種海洋能的能量密度一般較低。如潮汐能的潮差世界最大值爲13～16m，平均潮差較大值爲8～10m，中國最大潮差（杭州灣澉浦）爲8.9m，平均潮差較大值爲4～5m；潮流能的流速世界較大值爲5m/s，中國最大值（舟山海區）超過4m/s；海流能的流速世界較大值爲2.0m/s，中國最大值（東海東部的黑潮流域）爲1.5m/s；波浪能的波高世界單站最大年平均較大值爲2m左右，大洋最大波高可超過34m（單點瞬時），中國沿岸（東海沿岸）單站最大年平均波高最大值爲1.6m，外海最大波高可超過15m（單點瞬時）；溫差能的表、深層海水溫差世界較大值爲24℃，中國最大值（南海深水海區）也可達此值；鹽差能是海洋能中能量密度最大的一種，其滲透壓一般爲24個大氣壓（2.43MPa），相當240m水頭，中國最大值也可接近此值。

因爲海洋能廣泛存在於占地球表面積71%的海洋中，所以其總蘊藏量是巨大的。據國外學者們計算，全世界各種海洋能理論儲藏量（自然界固有功率）的數量以溫差能和鹽差能爲最大，均爲100億千瓦級，波浪能和潮汐能居中，均爲10億千瓦級，海流能最小，爲1億千瓦級。

另外，由於海洋永不間斷地接受著太陽輻射以及受月球、太陽的作用，因此海洋能是可再生的，可謂取之不盡，用之不竭。當然，也必須指出，以上巨量的海洋能資源，並不是全部都可以開發利用。據1981年

聯合國教科文組織出版的《海洋能開發》一書估計，全球海洋能理論可再生的功率爲 766 億千瓦，而技術上可利用的功率僅爲 64 億千瓦。即使如此，這一數字也爲 20 世紀 70 年代末全世界發電機裝機總容量的兩倍。

（2）能量隨時間、地域變化，但有規律可循

各種海洋能按各自的規律發生和變化。就空間而言，各種海洋能既因地而異，此有彼無，此大彼小，不能搬遷，各有各自的富集海域。如溫差能主要集中在赤道兩側的大洋深水海域，中國主要在南海 800m 以上的海區（遠海、深海）；潮汐能、潮流能主要集中在沿岸海域，大潮差宏觀上主要集中在 45°～55°N 的沿岸海域，微觀上是在喇叭形港灣的頂部最大，潮流速度以群島中的狹窄海峽、水道爲最大，如芬迪灣、品仁灣、聖馬洛灣、彭特蘭灣等，中國潮差以東海沿岸，尤其是浙江省的三門灣至福建省的平潭島之間最大，潮流流速以舟山群島諸水道等最爲富集（沿岸、淺海）；海流能主要集中在北半球太平洋和大西洋的西側，最著名的有太平洋西側的黑潮，大西洋西側的墨西哥灣流、阿格爾哈斯海流，赤道附近的加拉帕戈斯群島西部的海流等，中國主要在東海的黑潮流域（外海、深海）；波浪能近海、外海都有，但以北半球太平洋和大西洋的東側西風盛行的中緯度（30°～40°N）和南極風暴帶（40°～50°S）最富集，中國外海以東海和南海北部較大，沿岸以浙江、福建、廣東東部沿岸和島嶼及南海諸島最大（全海域）；鹽差能主要集中在世界著名大江河入海口附近的沿岸，如亞馬遜河和剛果河河口等，中國主要在長江和珠江等河口（沿岸、淺海）。就時間而言，除溫差能和海流能較穩定外，其他海洋能均明顯地隨時間變化。潮汐能的潮差具有明顯的半日和半月週期變化，潮流能的流速不但量值與潮差同時變化，並且方向也同樣變化；鹽差能的入海淡水量具有明顯的年際和季節變化；波浪是一種隨機發生的週期性運動，波浪能的波高和週期既有長時間的年、季變化，又有短時間的分、秒變化。故海洋能發電多存在不連續、穩定性差等問題。不過，各種海洋能能量密度的時間變化一般均有規律性，可以預報，尤其是潮汐和潮流的變化，目前中國外海洋學家已能做出很準確的預報。

（3）開發環境嚴酷，轉換裝置造價高，但不污染環境，可綜合利用

無論在沿岸近海，還是在外海深海，開發海洋能資源都存在能量密度低，受海水腐蝕，海生物附著，大風、巨浪、強流等環境動力作用影響等問題，致使海洋能能量轉換裝置設備龐大、材料要求強度高、防腐性能好，設計施工技術複雜，投資大造價高。由於海洋能發電在沿岸和海上進行，不佔用已開墾的土地資源，無需遷移人口，多具有綜合利用

效益。同時，由於海洋能發電不消耗一次性礦物燃料，既無需付燃料費，又不受能源枯竭的威脅。另外，海洋能發電幾乎無氧化還原反應，不向大氣排放有害氣體和廢熱，不存在常規能源和原子能發電存在的環境污染問題，避免了很多社會問題的處理。海洋能的主要特性見表 1-2。

表 1-2　各類海洋能的特性

種類	成因	富集區域	能量大小	時間變化
潮汐能	由於作用在地球表面海水上的月球和太陽的引潮力產生	45°～55°N 大陸沿岸	與潮差的平方以及港灣面積成正比	潮差和流速、流向以半日、半月爲主週期變化，規律性很強
潮流能			與流速的平方以及流量成正比	
波浪能	由於海上風的作用產生	北半球兩大洋東側	與波高的平方以及波動水面面積成正比	隨機性的週期性變化
海流能	由於海水溫度、鹽度分布不均引起的密度、壓力梯度或海面上風的作用產生	北半球兩大洋西側	與流速的平方以及流量成正比	比較穩定
溫差能	由於海洋表層和深層吸收的太陽輻射熱量不同和大洋環流經向熱量輸送而產生	低緯度大洋	與具有足夠溫差海區的暖水量以及溫差成正比	比較穩定
鹽差能	由淡水向海水滲透形成的滲透壓產生	大江河入海口附近	與滲透壓和入海淡水量成正比	隨入海水量的季節和年際變化而變化

1.4 波浪能發電技術現狀

1.4.1 波浪能的優勢

相比於其他可再生能源，開發和利用海洋波浪能具有十分顯著的優勢。

① 海洋波浪蘊藏的能量是所有可再生能源中密度最大的，且集中分布於海面附近。太陽能在地球表面的能量密度一般爲 0.1～0.3kW/m^2，垂直於風向的平面內的風能密度爲 0.5kW/m^2，而在水面下與波浪傳播方向相垂直的平面內的平均波能密度則可達 2～3kW/m^2。波浪能以海面以下水體運動的形式存在，95%以上的能量集中在水面至水下四分之一

波長水深之間。

② 波浪能的理論能量俘獲效率以及實際效率都要高於其他能源。太陽能的理論最大轉換效率爲 86.7%，而實際裝置中測到的效率只有 35%；風能的理論最大俘獲效率爲 59%，實際效率爲 50%；波浪能理論上的能量俘獲效率可以達到甚至超過 100%，實際水槽實驗中效率可超過 80%。

③ 波浪能裝置可以在 90%以上的時間內產生能量，而風能和太陽能裝置的產能時間只有不到 20%～30%。

④ 波浪能可以傳播很遠而損耗較少的能量。在盛行西風的推動下，波浪可以從大西洋西側傳播到歐洲的西海岸。

⑤ 開發和利用波浪能對環境產生的負面影響較小。有學者評估了典型的波浪能裝置在整個運行週期中對環境的潛在影響。研究表明，離岸的波浪能裝置對環境產生的影響最小。

1.4.2 中國的波浪能資源

(1) 沿岸波浪能資源

據《中國沿海農村海洋能資源區劃》（以下簡稱《區劃》）利用沿岸 55 個海洋站一年（中等波浪）的波浪觀測資料爲代表計算統計，全國沿岸的波浪能資源平均理論功率爲 12.843GW，如表 1-3 所示。但是，需特別指出，在全國沿岸有很多已知的著名大浪區，以福建爲例，就有臺山列島、四編列島、閭峽、北茭、梅花淺灘、牛山、大炸、圍頭、鎮海、古雷頭等，其中很多地點因無實測資料，故未統計在內。並且《區劃》波浪能資源計算所取的代表測站均爲綜合性海洋觀測站，很多設在大陸沿岸，甚至在海灣內，故波浪觀測資料代表性較差（偏小）。因此，筆者認爲以上波浪能資源理論功率應小於實際理論功率。另外，臺灣四周環海，沿岸波浪大，波浪能資源豐富，但是因暫缺沿岸的波浪實測資料，其波浪能平均理論功率是利用臺灣島周圍海域的《船舶報資料》，折算爲岸邊數值後計算統計的，未經岸邊實測波浪資料驗證，只能作爲臺灣沿岸波浪能資源數量級的參考。

表 1-3 中國沿岸波浪能資源 MW

地點	遼寧	河北	山東	江蘇	長江口	浙江
裝機容量	255.1	143.6	1609.8	291.3	164.8	2053.4
地點	福建	臺灣	廣東	廣西	海南	全國
裝機容量	1659.7	4291.3	1739.5	72.0	562.8	12843

波浪能資源分布方面有以下幾個特點。

① 地域分布很不均勻。中國沿岸的波浪能資源爲 4.29GW，占全國總量的 1/3；其次是浙江、廣東、福建沿岸較多，在 1.66～2.05GW，合計爲 5.45GW，占全國總量的 42％以上；其他省市沿岸則很少，廣西沿岸最少。

② 波浪能功率密度地域分布是近海島嶼沿岸大於大陸沿岸，外圍島嶼沿岸大於大陸沿岸島嶼沿岸。全國沿岸功率密度較高的區段是：渤海海峽（北隍城 7.73kW/m）、浙江中部（大陳島 6.29kW/m）、臺灣島南、和福建海壇島以北（北稀和臺山 5.32～5.11kW/m）、西沙地區（4.05kW/m）和粵東（遮浪 3.62kW/m）沿岸。以上地區年平均波高大於 1m，平均週期多大於 5s，是全國沿岸波功率密度相對較高，資源儲量最豐富的地區。其次是浙江南部和北部、廣東東部、福建海壇島以南、山東半島南部沿岸。渤海、黃海北部和北部灣北部沿岸波功率密度最低，資源儲量也最少。

③ 功率密度具有明顯的季節變化。由於中國沿岸處於季風氣候區，多數地區功率密度具有明顯的季節變化。全國沿岸功率密度變化的總趨勢是，秋冬季較高，春夏季較低。而浙江及其以南海區沿岸，因受颱風影響，波功率密度春末和夏季（南海 5～8 月份，東海 7～9 月份）也較高，甚至會出現全年最高值，如大陳附近。波功率密度的季節變化在波功率密度較高的島嶼附近更爲顯著，如北隍城、龍口、千裹岩、大陳、臺山、海壇和西沙等。而在大陸沿岸和少數島嶼，波功率密度的季節變化相對較小，如雲澳、表角、遮浪和嵊山、南麂、大戢山等，如圖 1-4 所示。

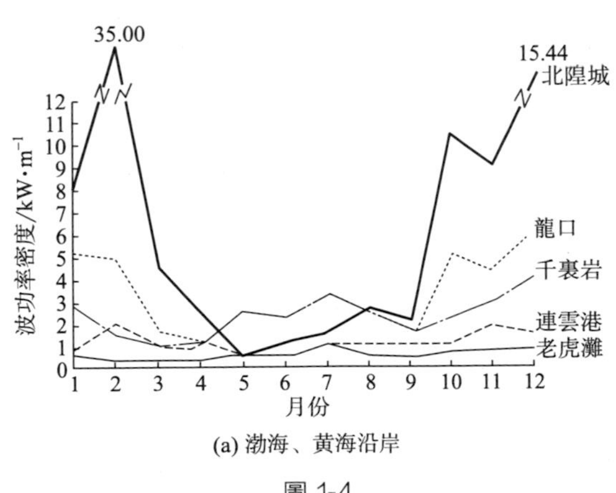

(a) 渤海、黃海沿岸

圖 1-4

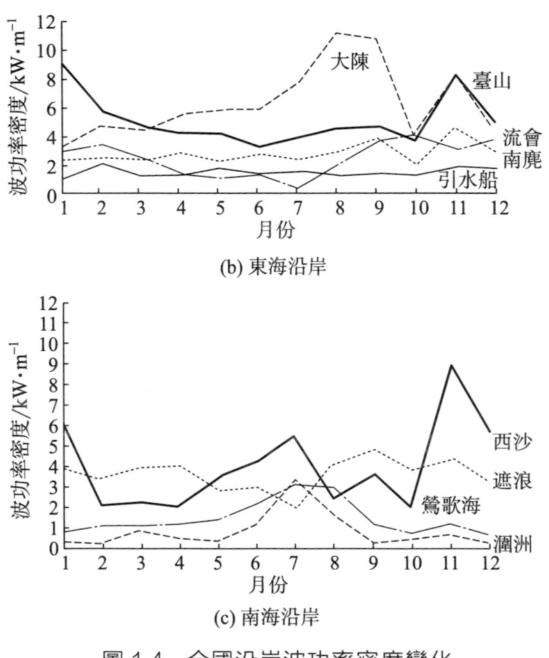

圖 1-4 全國沿岸波功率密度變化

（2）近海及毗鄰海域的波浪能資源

根據中國海洋局的《海洋調查資料》和國家氣象局的《船舶報資料》等多年曆史波浪能資料，採用氣候學方法，對渤海、黄海、東海和南海海區波浪能資源的計算（所稱黄海、東海、南海均指自然地理意義上的海區範圍），中國近海及毗鄰海域的波浪能資源理論總儲量和理論總功率分別爲 8103TJ 和 574TW，如表 1-4 所示。經分析研究後認爲，中國近海及毗鄰海域實際可供開發的波浪能有效功率約爲理論功率的 1‰～1%，即 574～5740GW。筆者取中國近海及毗鄰海域波浪能理論功率的 1‰，即 574GW 作爲可開發裝機容量。

表 1-4 中國近海及毗鄰海域波浪能資源理論儲量

	海區		渤海	黄海	小計	東海	南海	總計	北半球
理論儲量/TJ	估算者	馬懷書	129	601	730	1855	5518	8103	—
		潘尼克	—	—	890	1473	6724	9086	297500
	海區		渤海	黄海	小計	東海	南海	總計	北半球
理論功率/TW	估算者	馬懷書	11	47	58	133	383	574	—
		潘尼克	—	—	49.9	82.7	377.4	510	16700

波浪能資源分布方面有以下幾個特點。

① 緯向分布。由圖 1-5 和圖 1-6 可見，中國近海及毗鄰海域的波浪能儲量和波能功率沿緯向的分布是一致的，它們均有 3 個高峰區。第 1 個高峰區位於 9°～14°N，即南海南部（2°～15°N）偏北的大部分海區；第 2 個高峰區位於 17°～22°N，即南海北部（15°～22°N）偏北的大部分海區；第 3 個高峰區位於 25°～33°N，即基本上是整個東海海區。比較 3 個高峰區可見，第 1 和第 2 個高峰區的量值均大於第 3 個高峰區，第 1 和第 2 兩個高峰區的波能和波功率占中國近海及毗鄰海域總波能和總波功率的近 2/3。

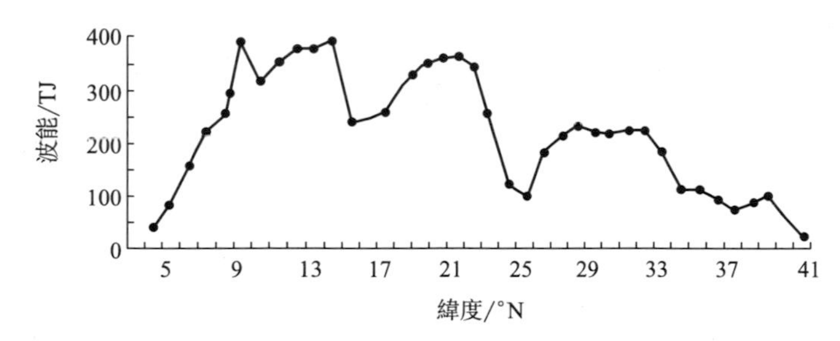

圖 1-5 中國近海及毗鄰海域波能沿緯向分布

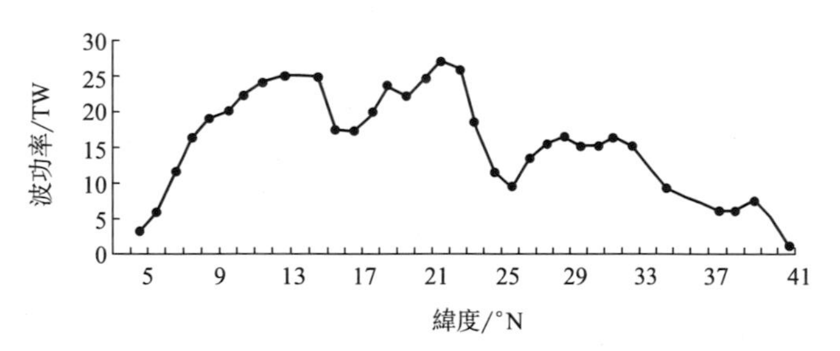

圖 1-6 中國近海及毗鄰海域波功率沿緯向分布

② 經向分布。由圖 1-7 和圖 1-8 可見，中國近海及毗鄰海域波能和波功率沿經向的分布基本上也是一致的。與沿緯向分布不同的是，經向分布僅有兩個高峰區。波能的第 1 個高峰區位於 110°～119°E，即大部分南海海區，第 2 個高峰區位於 121°～126°E，即黃海和東海的大部分海區。而波功率的第 1 個高峰區位於 109°～118°E，第 2 個高峰區位於 120°～125°E。同時，中國近海及毗鄰海域波能和波功率的約 2/3 集中於第 1 個高峰區，而其餘的約一半在第 2 個高峰區。

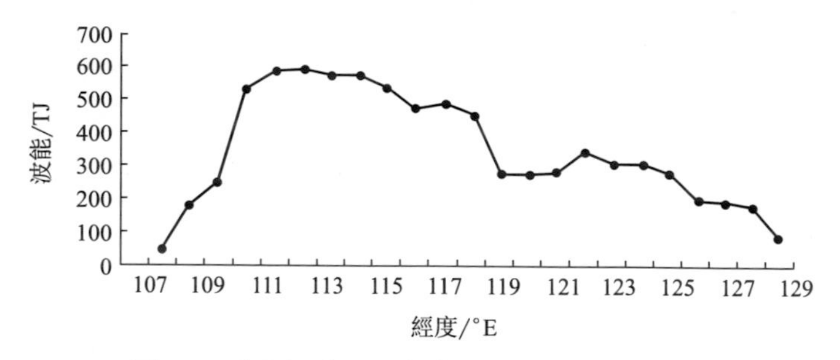

圖 1-7　中國近海及毗鄰海域波功率沿經向分布

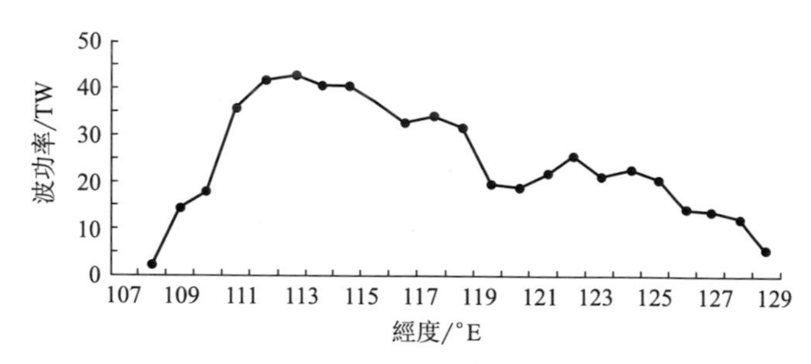

圖 1-8　中國近海及毗鄰海域波功率沿經向分布

③ 各海區的分布。中國近海及毗鄰海域波浪能資源在各海區的分布，按理論總波能和總波功率大小排序是：南海南部偏北海區爲 2200TJ 和 141TW，占各海區總量的 24.6%；南海北部偏北海區爲 1710TJ 和 122TW，占各海區總量的 21.3%；東海海區爲 1673TJ 和 117TW，占各海區總量的 20.4%。南海南部偏南海區、渤海和北黃海最少。按波能密度大小，各海區的排序是：南海南部偏北海區、南海北部偏北海區、東海海區，南海南部偏南海區、渤海和北黃海最低。按波功率密度大小，各海區的排序是：南海北部偏北海區、南海南部偏北海區、東海海區，南海南部偏南海區、渤海和北黃海最低。

1.4.3 典型波浪能發電裝置

波浪能轉換裝置的分類方法有多種，根據波浪能發電裝置的波浪能利用原理，波浪能轉換裝置可分爲振盪浮子式、振盪水柱式、筏式、鴨式、越浪式、擺式等種類，原理圖和中國外代表性裝置如表 1-5 所示。

表 1-5　幾種典型波浪能發電裝置的優缺點及適用場合

類型	裝置原理示意圖	國際代表	中國代表
振盪浮子式		①瑞典烏普薩拉直線電動機 L9 浮子裝置 ②瑞典 IPS 浮子裝置 ③加拿大 Aqua Buoy ④荷蘭阿基米德波浪能發電裝置(AWS) ⑤美國 Power Buoy ⑥丹麥 Wavestar	①廣州能源研究所 2006 年 50kW 岸式振盪浮子裝置，隨後的漂浮式點吸收裝置研發 ②中國海洋大學、山東大學、華北電力大學等進行相關理論研究並開展裝置海試
振蕩水柱式		①英國 500kW 的 LIMPET 電站 ②葡萄牙 400kW 固定式電站 ③日本「巨鯨號」波能發電站 ④英國的漂浮式 OSPREY 裝置	廣州能源研究所於 1985～1987 年研發的 10W 航標燈；1987～1989 年研發的 3kW 裝置；1992～1996 年研發的 20kW 裝置；1997～2002 年在汕尾研發的 100kW 裝置
筏式		①英國 OPD 公司的 Pelamis ② McCabe Wave Pump (MWP)波浪能發電裝置	中國船舶重工集團公司第 710 研究所研發了 300kW 筏式液壓波浪能發電裝置
鴨式		愛丁堡大學的「點頭鴨」式波浪能發電裝置	廣州能源研究所的「鴨式 1 號」「鴨式 2 號」及改進的「鷹式」裝置
越浪式		①1986 年挪威的收縮波道裝置 ②丹麥的 Wave Dragon	中國海洋大學制造了越浪式發電裝置模型

續表

類型	裝置原理示意圖	國際代表	中國代表
擺式		①日本室蘭大學的5kW、20kW發電裝置 ②芬蘭 Wave Roller 裝置,海試功率13kW ③英國的牡蠣 Oyster ④英國蘭開斯特大學的 Frog、WEASPA ⑤雪梨大學 bio WAVE	①「八五」「九五」期間,國家海洋局海洋技術中心研發的8kW和30kW岸式懸掛擺式波浪能發電裝置 ②浙江大學研發的雙行程液壓缸20kW浮力擺式裝置

1.4.4 波浪能發電面臨的問題

(1) 波浪能發電目前面臨的問題

目前波浪能發電成本高昂、發電功率小、品質差，所以降低發電成本，提高功率，增強發電的質量是波浪能發電普及的必經之路。

發電效率低是因爲波浪時刻變化，波浪能量不集中，如何使發電裝置適應這種工作狀況，是目前波浪能發電亟待解決的問題。

穩定性問題。受技術限制，波浪能發電裝置只能將吸收來的波浪能轉化爲不穩定的液壓能，這樣再轉化的電能也是不穩定的。英國、葡萄牙等歐洲國家採用昂貴的發電設施，仍無法得到穩定的電能。

控制問題。由於波浪的運動沒有規律性和週期性，浪大時能量有剩餘，浪小時能量供應不足。這就需要有一種設備在浪大時將多餘的波浪能儲存、再利用。

材料問題。現有的波浪能裝置只是採用普通鋼材，靠表面塗層提高抗腐蝕能力，耐久性不盡如人意。目前不存在專門爲波浪能利用而開發的工業產品，在波浪能研究上改變設計，犧牲效率、合理性，用現有產品拼湊成波浪能發電設備。

工作環境問題。因爲發電裝置放置在海中，工作環境惡劣，減少海水中的部件和抗風浪都是目前遇到的難題。

(2) 波浪能發電研究方向

① 流體動力特性計算　波浪能發電裝置布放入海後，實際上面臨的是不規則的複雜海況變化。目前的理論研究主要基於線性波浪理論開展，但對非線性隨機問題的研究仍然不成熟。非線性波之間的相互作用以及它們與波浪能發電裝置之間的作用在一定程度上是隨機變化的，因此，

實際海況中發電裝置的流體動力特性不能精確計算。

挪威的Ankit Aggarwal等人使用開源計算流體動力學（CFD）模型REEF3D對規則和不規則波與垂直圓柱的相互作用進行了模擬。該模型在整個域上解決了雷諾平均Navier Stokes（RANS）方程，提供了流體壓力、速度以及自由面等流體動力學資訊，可以用於對圓柱體周圍的流體情況進行分析和可視化。Muk Chen Ong等人運用湍流模型解非連續RANS方程，對兩個部分沉入水中的圓柱體結構進行了二維數字仿真分析。同時，通過垂直波浪力的變化和自由表面的升降，得到了兩個圓柱體之間距離對流場的影響。Pol D. Spanos和Felice Arena提出一種統計線性化技術，用於對單浮子振盪捕能系統進行快速隨機振動分析。

② 發電穩定性和高效性設計　波浪的不穩定性以及能流密度低、轉換效率低的特點，是制約其利用技術發展的主要原因。因此，需要提高波浪能發電裝置的適應性，增大捕能頻寬，從而提高穩定性和發電效率。其中，儲能裝置的設計和系統的功率控制非常重要。

許多振盪體式波浪能發電裝置都是將浮子的動能轉化爲液壓能再帶動發電機發電。Falcão在時域內研究了氣體蓄能器體積和工作壓力對電力輸出穩定性的作用。鄭思明基於三維波浪繞射輻射理論，提出了一個計算鉸接雙筏體最大波浪能俘獲功率的數學模型，可用於計算裝置在特定參數下的最大波浪能俘獲係數。Jeremiah Pastor、Yucheng Liu基於邊界元方法建立了點吸收式波浪能轉換器的線性模型並進行數值仿真和頻域分析，得出了不同浮子形狀、直徑、喫水深度等參數變化對浮子垂蕩運動性能的影響，從而得到優化的參數設計。

③ 陣列發電場設計　波浪能轉換裝置的陣列化有利於充分利用單位海域面積內的波浪能量，在一定程度上實現經濟成本的最優化。陣列式波浪能轉換裝置的研究主要集中在運行特性和波浪能俘獲效果兩個方面：運行特性研究浮體或固定結構在波浪作用下受到的波浪力、輻射力、繞射力等以及結構反作用於波浪場所引起的變化；波浪能俘獲效果是指通過對比陣列式裝置的單體平均功率與單個裝置的發電功率以及它們的俘獲寬度比，分析所設計的陣列布局的優化效果。

陣列發電場的研究，目前主要針對單一類型振盪浮子式裝置。Andres等人考慮了陣列布局、單體之間距離、裝置數量以及波浪入射方向的影響，發現增加波浪能轉換裝置的數量可以提高它們之間的相互作用力，不同的波浪方向對於波浪能俘獲的影響很大，單體之間距離爲入射波長的一半時，俘獲效率較高。Kara運用數值仿真方法在時域內計算了兩種運動模式下的垂直圓柱體陣列的波浪能吸收功率，同時研究了單體裝置之間距離以及入射波角度的影響。Konispoliatis 和 Mavrakos 運用多重散射方法研究了振盪水柱式波浪能轉換裝置陣列在波浪作用下的繞射和輻射效應。中國方面，香港大學的 Motor Wave、浙江海洋大學的「海院 1 號」、集美大學的「集大 1 號」，均是陣列式發電場的嘗試。

④ 多元化綜合利用　海洋中除了波浪能，還蘊藏著海流能、潮汐能、溫差能、鹽差能等多種形式的能量，而且其開發技術也在逐步發展，再加上相對成熟的太陽能和風能利用技術，使得在海洋中進行多種能源綜合利用成爲可能。多能互補，通過共享基礎平臺、海底電纜等方式來降低成本，全方位開發所在海域能源；另外，也可以構建分布式發電網路，利用多能互補系統實現電力的穩定輸出，提高海洋能的穩定性和利用率。

第2章

波浪性質及相關理論

2.1 波浪能的特點及其性質

2.1.1 概述

海洋表面波浪所具有的動能和位能的總和稱爲波浪能，它的產生是外力（如風、大氣壓力的變化，天體的引潮力等）、重力與海水表面張力共同作用的結果。波浪形成時，水質點做振盪和位移運動，水質點的位置變化產生位能。波浪能的大小與波高和週期有關，波浪的波高和週期與該波浪形成地點的地理位置、常年風向、風力、潮汐時間、海水深度、海床形狀、海床坡度等因素有關。波浪的能量與波浪週期、波高的平方以及迎波面的寬度成正比。

在海洋能源中，波浪能是最不穩定的一種，在時間尺度上具有隨機多變性，海況不同，則波浪的能量也不同；季節不同，波浪能的變化差異更大；在空間尺度上，不同地域，波浪能的能量密度也有很大差別。正是由於這些特點，波浪能較之其他形式的可再生能源更難以利用。然而同時，波浪能又是很清潔的可再生資源，它的開發利用，將大大緩解由於礦物能源逐漸枯竭的危機，改善由於燃燒礦物能源對環境造成的破壞。因此發展海洋可再生能源勢在必行，而波浪能因其能量密度相對較高、分布廣泛、獲取難度相對較低等優勢，是各國海洋可再生能源的研究熱點和發展重點。

波浪能是由風把能量傳遞給海洋而產生的，它實質上是吸收了風能而形成的。能量傳遞速率和風速有關，也和風與水相互作用的距離（即風區）有關。水團相對於海平面發生位移時，使波浪具有位能，而水質點的運動，則使波浪具有動能。儲存的能量通過摩擦和湍動而消散，其消散速度的大小取決於波浪特徵和水深。深水海區大浪的能量消散速度很慢，從而導致了波浪系統的複雜性，使它常常伴有踴地風和幾天前在遠處產生的風暴的影響。波浪可以用波高、波長（相鄰的兩個波峰間的距離）和波週期（相鄰的兩個波峰間的時間）等特徵來描述。

2.1.2 突出特點

(1) 波浪能的優勢

波浪能具有能流密度高、分布面廣等優點。它是一種取之不竭的可再生清潔能源。尤其是在能源消耗較大的冬季，可以利用的波浪能能量也最大。小功率的波浪能發電已在導航浮標、燈塔等獲得推廣應用。中國有廣闊的海洋資源，波浪能的理論儲存量爲7000萬千瓦左右，沿海波浪能能流密度大約爲2～7kW/m。在能流密度高的地方，每1m海岸線外波浪的能流就足以爲20個家庭提供照明。

雖然大洋中的波浪能是難以提取的，因此可供利用的波浪能資源僅局限於靠近海岸線的地方。但即使是這樣，在條件比較好的沿海區的波浪能資源儲量大概也超過2TW。據估計，全世界可開發利用的波浪能達2.5TW。中國沿海有效波高約爲2～3m、週期爲9s的波列，波浪功率可達17～39kW/m，渤海灣更高達42kW/m。

波浪能適用於邊遠海域的島嶼、國防、海洋開發等活動。波浪能利用裝置可在已有設施及工程的基礎上進行安裝和建設，如護岸、防波堤；或與此類設施及工程同時建設，可明顯地降低波浪能利用裝置的開發及建設成本，並實現功能多元化。

(2) 波浪能的劣勢

波浪能的利用並不容易。波浪能是可再生能源中最不穩定的能源，波浪不能定期產生，各地區波高也不一樣，不利於大規模開發，還容易受到海洋災害性氣候的侵襲，由此造成波浪能利用上的困難。波浪能開發的技術複雜、成本高、投資回收期長，社會效益好，但是經濟效益差，這些局限束縛了波浪能的大規模商業化開發利用和發展。近200年來，世界各國還是投入了很大的力量進行了不懈的探索和研究。除了實驗室研究外，挪威、日本、英國、美國、法國、西班牙和中國等國家已建成多個數十瓦至數百千瓦的試驗波浪發電裝置。

2.2 波浪能轉換數學模型

兩端伸展到無限遠處的平面前進波的總能量是無限的，這裏考察的是單位寬度的一個波長內波浪的能量。

自由水面產生波形從而使位能變化。如圖2-1所示，體積微元 $\mathrm{d}x\,\mathrm{d}y$（單位寬度上）中流體的重力位能是 $\rho g y\,\mathrm{d}x\,\mathrm{d}y$。故一個波長的重力位能 E_g 爲

$$E_g = \int_0^\lambda \int_3^\zeta \rho g y\,\mathrm{d}x\,\mathrm{d}y = \frac{1}{2}\rho g \int_0^\lambda \zeta^2\,\mathrm{d}x \tag{2-1}$$

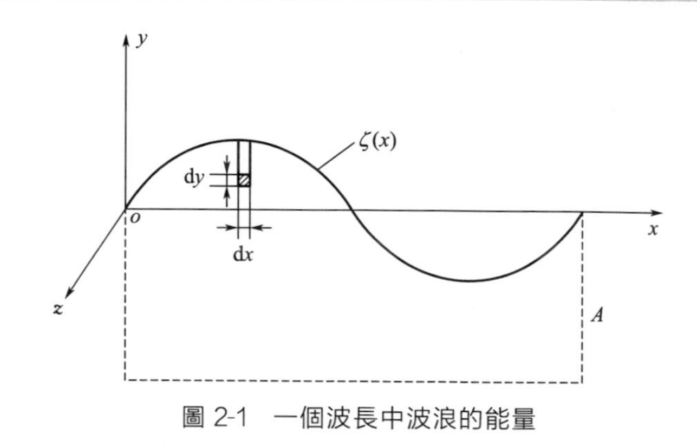

圖 2-1 一個波長中波浪的能量

式中 $\zeta = A\mathrm{e}^{i(mx-\omega t)}$ 爲波面位移。因積分號中出現的是非線性的平方運算，應先取實部然後運算。這樣就有

$$E_g = \frac{1}{2}\rho g A^2 \int_0^\lambda \cos^2(mx - \omega t)\,\mathrm{d}x$$

$$= \frac{1}{4}\rho g A^2 \lambda \tag{2-2}$$

在給定的不可壓縮流體的無旋流場中，流體動能可表示爲

$$E = \frac{\rho}{2}\iiint_\tau v^2\,\mathrm{d}\tau \tag{2-3}$$

式中 v 爲所討論的流場體積，$v^2 = \nabla\phi\ \nabla\phi = \nabla(\phi\ \nabla\phi) - \phi\ \nabla^2\phi = \nabla(\phi\ \nabla\phi)$，於是動能公式可寫成

$$E = \frac{\rho}{2}\iiint_\tau \nabla(\phi\ \nabla\phi)\,\mathrm{d}\tau = \frac{\rho}{2}\oiint_A \phi\ \nabla\phi\vec{n}\,\mathrm{d}s = \frac{\rho}{2}\oiint_A \phi\ \frac{\partial\phi}{\partial n}\mathrm{d}s \tag{2-4}$$

另外，流場中由於流體質點的運動而具有動能。按式(2-4) 單位寬度的波浪動能爲

$$E_k = \frac{1}{2}\rho\iint_s \phi\ \frac{\partial\phi}{\partial n}\mathrm{d}s \tag{2-5}$$

其中 s 爲圖 2-1 中所示的虛線面（兩側虛線面的間距恰爲一個波長）和波面。在底面上，無論在有限深水的池底或無限深水情況中無窮深處的某一假想水平面上，均有$\partial\phi/\partial n = -\partial\phi/\partial y = 0$。在兩側面上，由於運動的週期性，故在相應點上 ϕ 值相同，$\partial\phi/\partial n$ 的數值也相同，但法線方向正好相反，因此兩側面對積分的貢獻之和也等於零。最後僅剩在波面上的積分，在線性化的前提下，波面積分邊界近似地取在 $y=0$ 上，再利用色散關係，所以

$$E_k=\frac{1}{2}\rho\int_0^{\lambda}\left(\phi\,\frac{\partial\phi}{\partial y}\right)_{y=0}\mathrm{d}x=\frac{1}{4}\rho\left(g+\frac{m^2T}{\rho}\right)A^2\lambda \tag{2-6}$$

如果不計表面張力，則波浪總能量即爲重力位能與動能兩者之和。總能量爲

$$E=E_g+E_k=\frac{1}{2}\rho gA^2\lambda \tag{2-7}$$

然而在有表面張力存在的情況下，自由面形狀的變化不僅改變了質量的垂向分布，改變了重力位能，而且還抵抗表面張力做功。這部分能量也以位能的形式儲存在流體中，稱張力位能，記爲 E_t。

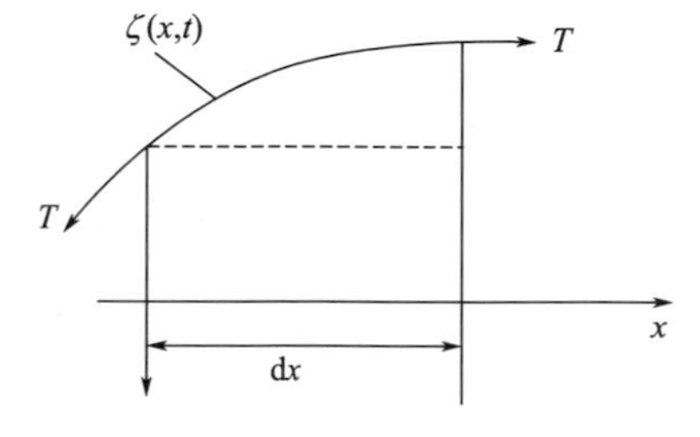

圖 2-2　靜水面的變形伸長

參見圖 2-2，原來在水面上的 $\mathrm{d}x$ 微分段變形後爲

$$\mathrm{d}x\approx\mathrm{d}x\left[1+\left(\frac{\partial\zeta}{\partial x}\right)^2\right]^{\frac{1}{2}} \tag{2-8}$$

其實際伸長爲

$$\Delta x=\mathrm{d}x\left[1+\left(\frac{\partial\zeta}{\partial x}\right)^2\right]^{\frac{1}{2}}-\mathrm{d}x\approx\frac{1}{2}\mathrm{d}x\left(\frac{\partial\zeta}{\partial x}\right)^2 \tag{2-9}$$

所以張力爲

$$T\Delta x=\frac{1}{2}T\,\mathrm{d}x\left(\frac{\partial\zeta}{\partial x}\right)^2 \tag{2-10}$$

一個波長內的張力位能 E_t 爲

$$E_t=\frac{1}{2}T\int_0^{\lambda}\left(\frac{\partial\zeta}{\partial x}\right)^2\mathrm{d}x=\frac{1}{2}Tm^2A^2\int_0^{\lambda}\sin^2(mx-\omega t)\,\mathrm{d}x=\frac{1}{4}Tm^2A^2\lambda \tag{2-11}$$

總位能爲

$$E_p=E_g+E_t=\frac{1}{4}\rho\left(g+\frac{m^2T}{\rho}\right)A^2\lambda \tag{2-12}$$

一個波長內的總能量就是

$$E=E_p+E_k=\frac{1}{2}\rho\left(g+\frac{m^2T}{\rho}\right)A^2\lambda \tag{2-13}$$

由此可見，無論計入或不計入表面張力，均有

$$E_p=E_k=\frac{1}{2}E \tag{2-14}$$

在平面進行波中，一個波長內的動能和位能都不隨時間而變。事實上，

平面進行波的波形在傳播過程中是不隨時間變化的，所以位能不變，按總能量守恆，動能也就不變。

波浪在傳播過程中能量也在轉移。現以無限深水中的平面前進波爲例加以討論。討論中不計入表面張力。

任取一垂直於波浪傳播方向的平面 A（見圖 2-1），A 在 oz 方向仍取單位寬度，計算在一個波浪週期中有多少能量流過 A 面。轉移的能量可以看作是作用在 A 面上的壓力在一個波浪週期內做的功。在 A 面上取一面積微元（面元）$\mathrm{d}y$，在 $\mathrm{d}t$ 時間內壓力在面元 $\mathrm{d}y$ 上做的功是

$$\mathrm{d}W=\overline{p}u\,\mathrm{d}y\,\mathrm{d}t \tag{2-15}$$

這裏 $\overline{p}$ 爲作用於 A 面上的壓力，u 爲 A 面上水質點的水平速度。

無限深水中平面進行波的速度勢爲

$$\phi=\frac{Ag}{i\omega}\mathrm{e}^{my}\,\mathrm{e}^{i(mx-\omega t)} \tag{2-16}$$

注意到 $\omega^2=gm$，故有

$$u=\frac{\partial\phi}{\partial x}=A\omega\mathrm{e}^{my}\,\mathrm{e}^{i(mx-\omega t)} \tag{2-17}$$

由拉格朗日（Lagrange）積分，壓力是

$$\overline{p}=p-p_0=-\rho\,\frac{\partial\phi}{\partial t}-\rho g y \tag{2-18}$$

因此在一個週期 $\tau=\dfrac{2\pi}{\omega}$ 內波浪在整個平面 A 上所做的功爲

$$\begin{aligned}W&=\int_0^{\pi}\int_{-\infty}^{0}\overline{p}u\,\mathrm{d}y\,\mathrm{d}t\approx\int_0^{\tau}\int_{-\infty}^{0}\overline{p}u\,\mathrm{d}y\,\mathrm{d}t\\&=\int_0^{\frac{2\pi}{\omega}}\int_{-\infty}^{0}[\rho g\omega A^2\mathrm{e}^{2my}\cos^2(mx-\omega t)-\rho g yA\omega\mathrm{e}^{my}\cos(mx-\omega t)]\mathrm{d}y\,\mathrm{d}t\\&=\rho g\pi A^2\int_{-\infty}^{0}\mathrm{e}^{2my}\,\mathrm{d}y=\frac{\rho g\pi A^2}{2m}=\frac{\rho gA^2\lambda}{4}\end{aligned} \tag{2-19}$$

比較式(2-19) 與式(2-7) 易見，能量傳播爲波浪總能量的一半。也就是說，在波浪傳播的過程中，總能量的一半隨波前進，而另一半則留在後方。實際上，由於質點的軌跡是條封閉曲線，動能不變，只有位能傳向前去。

單位時間內所做功的平均值是

$$\frac{W}{\tau}=\frac{\rho gA^2\lambda}{4\tau}=\frac{1}{4}\rho gA^2c=\frac{1}{2}\rho gA^2c_g \tag{2-20}$$

這裏引入了一個新的速度 $c_g=\dfrac{1}{2}c$。由式(2-7) 知，$\dfrac{1}{2}\rho gA^2$ 表示單位波

長的波浪總能量，或稱爲一個波長內的能量平均值或平均能量密度。顯然 c_g 表征了能量傳播的速度，它等於波速（或稱相速）的一半。這一能量傳播速度就等於波群速。不限深水重力波，對其他類型的線性水波也有同樣的結論，當然它們的能量傳播速度或群速不一定恰好爲相速度的二分之一。

從能量觀點可對波浪阻力問題做一簡單的解釋。物體在水面上等速前進時不斷興起波浪，波以與物體相同的速度隨物體前進。然而只有一半能量是通過波浪運動傳遞過來的，另一半則需由物體做功來提供，於是物體必須消耗能量以維持波係，從而產生所謂的興波阻力。若記興波阻力爲 D，則有

$$\frac{1}{2}\rho g A^2 U = DU + \frac{1}{4}\rho g A^2 U \tag{2-21}$$

式中 U 爲物體前進速度，所以

$$D = \frac{1}{4}\rho g A^2 \tag{2-22}$$

以上表達式是在波係爲平面前進波的簡化情形之下做出的，實際的興波阻力問題遠較上述解釋複雜得多。

2.3 波浪理論

人們已在流體是理想的、不可壓縮的、無旋、表面張力略去的條件下，建立了一個完整的邊值問題。

Laplace 方程：$\nabla^2 \phi = 0$

物面條件：$\dfrac{\partial \phi}{\partial n} = v_n$

自由表面條件：
$$\left.\begin{array}{l} \dfrac{\partial \phi}{\partial x}\times\dfrac{\partial \zeta}{\partial x}+\dfrac{\partial \phi}{\partial y}\times\dfrac{\partial \zeta}{\partial y}-\dfrac{\partial \phi}{\partial z}+\dfrac{\partial \zeta}{\partial t}=0 \\ g\zeta+\dfrac{\partial \phi}{\partial t}+\dfrac{1}{2}\nabla\phi^2=0 \end{array}\right\} z=\zeta(x,y,z)$$

底部條件：$\dfrac{\partial \phi}{\partial n} = 0, z = -h(x,y,t)$

以及適當的散射條件。

2.3.1 線性波理論

在小振幅波的情況下，即自由表面振幅比波長遠小於 1 的情況下，

可以自由表面條件取首階近似，得到線性化自由表面條件

$$\frac{\partial \zeta}{\partial t}-\frac{\partial \phi}{\partial z}=0, z=0 \tag{2-23}$$

$$\frac{\partial \phi}{\partial t}+g\zeta=0, z=0 \tag{2-24}$$

如在式(2-24) 兩邊對時間取偏導數，並把式(2-23) 代入，可以把線性化自由表面條件合併爲一個，即

$$\frac{\partial^2 \phi}{\partial t^2}+g\frac{\partial \phi}{\partial z}=0, z=0 \tag{2-25}$$

假設流域在水平方向上無界，水深不變，並且把所討論的問題限於時間簡諧的水波運動，所有變量都可以把時間因子按 $e^{-i\omega t}$ 形式分離出來。

假定流場的速度勢 ϕ 可以表示成

$$\phi(x, y, z, t)=Z(z)\psi(x, y)e^{-i\omega t} \tag{2-26}$$

Laplace 方程經變量分離後變爲

$$\frac{\partial^2 \phi}{\partial x^2}+\frac{\partial^2 \phi}{\partial y^2}+a\psi=0 \tag{2-27}$$

$$Z^n-aZ=0 \tag{2-28}$$

考慮到 $a=k^2>0$，那麼 ψ 所滿足的方程變爲

$$\nabla^2\psi+k^2\psi=0 \tag{2-29}$$

通常把式(2-29) 稱爲 Helmholtz 波動方程。而 Z 所滿足的方程

$$Z^n-k^2Z=0$$

得出解如下

$$Z=c_1e^{kz}+c_2e^{-kz} \tag{2-30}$$

根據底部條件

$$\frac{\partial \phi}{\partial z}=0, z=-h$$

可以得到

$$Z=c_1e^{-kh}\left[e^{k(z+h)}+e^{-k(z+h)}\right] \tag{2-31}$$

令 $2c_1e^{-kh}=A$，這樣速度勢就可以寫成

$$\phi=A\cosh k(z+h)\psi(x, y)e^{-i\omega t} \tag{2-32}$$

代入線性化自由表面條件式(2-25)，得到如下關係式

$$k\tanh kh=\frac{\omega^2}{g} \tag{2-33}$$

式(2-33) 是一個重要的關係式，通常稱爲色散方程，常用於確定給

定水深 h 和波頻率 ω 時的波數 k，以及波長 $\lambda=\frac{2\pi}{k}$。或反之，用於計算給定波長 λ 和水深 h 時的波頻率 ω。

到這裏，$\psi(x,y)$ 還沒有確定。下面，假定 $\psi(x,y)$ 可以進一步分離變量

$$\psi(x,y)=X(x)Y(y) \tag{2-34}$$

得到分離形式

$$X''+(k^2-\mu^2)X=0$$

$$Y''+\mu^2 Y=0$$

水波是空間位置的週期函數，因此可以判定 $k^2-\mu^2>0$，於是有

$$X^n+(k^2-\mu^2)X=0 \tag{2-35}$$

$$Y^n+\mu^2 Y=0 \tag{2-36}$$

這樣就可以得到線性邊值問題的分離變量解

$$\phi=A\cosh k(z+h)(c_1\cos\sqrt{k^2-\mu^2}\,x+c_2\sin\sqrt{k^2-\mu^2}\,x)\cos(\mu y+\delta)\mathrm{e}^{-i\omega t} \tag{2-37}$$

下面討論平面波的一些特性。

若 Helmholtz 方程只是 x 的函數，即

$$\psi=\psi(x) \tag{2-38}$$

則式(2-29) 可寫成

$$\psi^n+k^2\psi=0 \tag{2-39}$$

則此方程有通解

$$\psi=c_1\mathrm{e}^{ikx}+c_2\mathrm{e}^{-ikx} \tag{2-40}$$

2.3.2 非線性波理論

小振幅波理論問題中，可以對波浪運動提供一階近似，但是該方法在工程實際問題中精度不夠，並且忽略了很多重要現象，所以就要考慮非線性自由表面的影響。但是當前嚴格滿足非線性自由表面條件的解暫時無法得出，所以對於非線性自由表面條件採用不同形式的擬合方法。據此，非線性表面波理論又大概分爲 Stokes 波理論、橢餘波理論、孤立波理論和流函數理論等。因篇幅限制，本節只敘述 Stokes 波理論。

Stokes (1880 年) 提出一種有限振幅重力波的高階理論。他的基本假定是，波浪運動能用小擾動級數表示，並且認爲，考慮的量階越高越接近實際波浪情形。這樣，就得到計入不同量階的理論，即所謂二階、三階 Stokes 波等。

現在，我們在流體理想、無旋、不可壓縮的假定下，利用小擾動展開方法，建立各個量階波浪運動的邊值問題。

速度勢 ϕ 可展開爲

$$\phi=\phi^{(1)}+\phi^{(2)}+\phi^{(3)}+\cdots \tag{2-41}$$

自由表面高 ζ 可展開爲

$$\zeta=\zeta^{(1)}+\zeta^{(2)}+\zeta^{(3)}+\cdots \tag{2-42}$$

把式(2-41)和式(2-42)分別代入 Laplace 方程和自由表面條件，就可以得到不同量階問題必須滿足的條件。

（1）Laplace 方程可以表述爲

$$\nabla^2\phi^{(1)}=0$$

$$\nabla^2\phi^{(2)}=0$$

$$\nabla^2\phi^{(3)}=0$$

（2）自由表面條件爲

$$\frac{\partial^2\phi}{\partial t^2}+2\nabla\phi\,\nabla\left(\frac{\partial\phi}{\partial t}\right)+\frac{1}{2}\nabla\phi\,\nabla(\nabla\phi\,\nabla\phi)+g\frac{\partial\phi}{\partial z}=0$$

$$z=\zeta \tag{2-43}$$

一階

$$\zeta^{(1)}=a\cos\theta$$

其中，a 爲波幅，$\theta=kx-\omega t$ 爲相位函數。

$$\zeta^{(1)}=\frac{ag}{\omega}\times\frac{\cosh k(z+h)}{\cosh kh}\sin\theta=\frac{a\omega\cosh k(z+h)}{k\sinh kh}\sin\theta \tag{2-44}$$

二階

$$\phi^{(2)}=\frac{3a^2\omega\cosh 2k(z+h)}{8\sinh^4 kh}\sin 2\theta \tag{2-45}$$

$$\zeta^{(2)}=\frac{1}{2}a^2k\coth kh\left(1+\frac{3}{2\sinh^2 kh}\right)\cos 2\theta \tag{2-46}$$

三階

$$\phi^{(3)}=\frac{A_3}{3gk\tanh 3kh-g\omega_0^2}\times\frac{\cosh 3k(z+h)}{\cosh 3kh}\sin\theta+O(a^3k^3) \tag{2-47}$$

$$\zeta^{(3)}=\frac{(ak)^3}{k}(B_3\cos 3\theta+B_1\cos\theta)+O(a^5k^5) \tag{2-48}$$

其中，

$$A_3=g(ak)^3c_1F_1(kh)$$

$$F_1(kh)=1+\frac{1}{\sinh^2 kh}+\frac{9}{8\sinh^4 kh}+O(a^2k^2)$$

$$\omega_0^2=gk\tanh kh$$

$$B_3=\frac{3}{8}-\frac{3}{16\sinh^2 kh}-\frac{3}{8\cosh^2 kh}+\frac{33}{64\sinh^4 kh}+\frac{15}{64\sinh^6 kh}$$

$$B_1=\frac{3}{8}-\frac{3}{2\sinh^2 kh}-\frac{3}{8\cosh^2 kh}-\frac{3}{8\sinh^4 kh}$$

當水深無限深時，$kh\to\infty$，波面表達式可以寫成

$$\zeta=a\left(1-\frac{3}{8}k^2a^2\right)\cos\theta+\frac{a^2k}{2}\cos 2\theta+\frac{3}{8}a^3k^2\cos 3\theta \tag{2-49}$$

從中可以看出，考慮到非線性後，波幅的峰值增加，谷值減小；另外，二階速度勢 $\phi^{(2)}$ 和三階速度勢 $\phi^{(3)}$ 均趨於零。所以，精確到三階的速度勢，在深海仍然可以用一階速度勢表示。

當 $kh\to 0$ 時，從前面得出的表達式中可以看出，高階波解會超過一階線性波，這與前面小擾動展開的假定矛盾。這表明，Stokes 波理論對 $kh=2\pi h/\lambda$ 足夠小的淺水波（或長波）不適用。

2.4 波浪力計算

海洋工程中固定結構很多，如海洋立管、樁柱管線、單點和固定式平臺等。計算作用在這些固定結構上的波浪力是非常重要的課題。目前理論上一般採用兩個不同的近似方法進行研究。一個是所謂 Morison 方程的應用；另一個就是繞射理論（或稱爲勢流理論）。

2.4.1 Morison 方程

要計算作用在細長剛體上的波浪力，最常規的方法是假定總波浪力可表示爲阻力和慣性力之和。阻力項作爲速度的函數，慣性項作爲加速度的函數，於是

$$F_{總}=F_{阻}+F_{慣} \tag{2-50}$$

其中，

$$F_{阻}=\frac{1}{2}\rho C_D A\,|u|\,u \tag{2-51}$$

$$F_{慣}=\rho C_M V\dot{u} \tag{2-52}$$

式中 A——物體的投影面積，m^2；

V——物體的體積，m^3；

ρ——流體密度，kg/m^3；

u——流體速度，m/s；

$\dot{u}$——流體加速度，m/s^2；

C_D——阻力係數；

C_M——慣性係數（或質量係數）。

這種假設最先是由 Morison 等人（1950 年）引入的，所以通常稱爲 Morison 方程。

式(2-50) 可以用更爲準確的形式表示爲

$$dF = \frac{1}{2}\rho C_D D |u| u \, ds + \rho C_M A \dot{u} \, ds \tag{2-53}$$

$$F = \int_0^{\zeta} dF \tag{2-54}$$

其中，dF 爲作用在增量長度 ds 上的總力，ζ 爲瞬時水面高，D 爲物體剖面寬或直徑。

Morison 方程雖然在工程上得到非常廣泛的應用，但其合理性常常受到懷疑。實際上，如果黏性的影響可忽略，這時 C_M 等於 2。

（1）Morison 方程的基本假設

Morison 方程在形式上是相當簡單的，但要正確使用其來計算波浪力，卻又是相當困難的，因爲其中隱含了大量的假設。這些假定大致可分爲四組。

① 水質點瞬時速度和加速度必須根據某種波浪理論求出。例如線性波浪理論、Stokes 波理論、孤立波理論等，並且假定波浪特徵不受結構存在的影響。這樣，顯然要對所討論的物體的大小尺寸加於限制，一般認爲

$$D/\lambda \leqslant 0.2 \tag{2-55}$$

其中 λ 爲波長，而波長的確定依賴波浪理論的選擇及相應的波浪參數的確定。

② C_D 和 C_M 兩個參數必須根據已有經驗或試驗確定。因爲阻力分量就是定常流中物體受力的測量，所以，阻力係數可通過測量定常流中作用在物體上的力來確定。通常可做模型試驗或實體實驗得到。問題是物體的正確特徵難於確定。因爲阻力係數依賴於雷諾（Reynold）數，$Re = \frac{uD}{v}$，同時還依賴於模型或受測實體表面的粗糙度。因此，所得的阻

力係數實際上表征了受測體的某種平均性質。然而，所得的結果卻往往要用於波浪中每一點的計算，這就不可避免地要引入不定因素。在參考文獻中可以找到一些 C_D 值的資料，然而，由於結果相當離散，往往難於得出什麼結論。

Sarpkaya（1976 年）通過試驗發現，波浪流的週期性對 C_D 和 C_M 值有重要的影響。Keulegan-Carpenter 數，$KC=\frac{uT}{D}$（T 爲波浪週期），在振盪流中是一個非常重要的參數。其主要結論如下。

a. 對光滑柱體、阻力、橫向力和慣性力係數依賴於 Reynold 數和 Keulegan-Carpenter 數。

b. 對粗糙柱體，同一係數有顯著的不同，變得幾乎不依賴於 Reynold 數而服從某一臨界值，且僅依賴於 Keulegan-Carpenter 數和粗糙度。

c. 橫向力是總阻力中的一個重要部分，在設計中有必要作出考慮。

至於慣性力係數，對有些形狀的物體，可從理論上確定 C_M 值，試驗上將遇到確定 C_D 值時所遇到的同樣問題，同時還得加上用加速度流所碰到的問題。

必須注意，對非常規的結構形狀和構件，要確定適用的 C_D 和 C_M 值，需做大量的試驗和分析。試圖利用現有的數據進行外插都可能是不可靠的。在缺乏大量可靠資料時使用 C_D 和 C_M 值必須小心，設計者應隨時學習最新的研究成果，以便得到較爲合適的係數值。

因爲質點速度和加速度依賴於所採用的波浪理論。據此導出的 C_D 和 C_M 值僅對所選的波浪理論才是嚴格正確的，而對不同波浪理論可能有顯著的改變。表 2-1 和表 2-2 是應用 Stokes 五階波理論的結果。不過，這些值可用於線性波和 Stokes 三階波而不產生嚴重的誤差，條件是增加了不定性，可使用稍高一些的安全係數。

表 2-1　常用結構形式的阻力係數

剖面形狀		C_D
→ □ 或 → |		2.0
 → (圓角方形, r, b)	$\frac{r}{b}=0.17$	0.5
	$\frac{r}{b}=0.33$	0.5
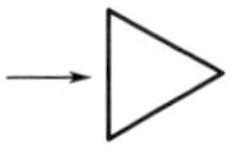 → ▷		2.0

續表

剖面形狀	C_D
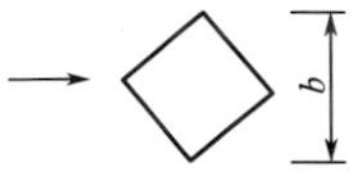 b	1.5
 b　$\frac{r}{b}=0.08$	1.9
 b　$\frac{r}{b}=0.25$	1.3
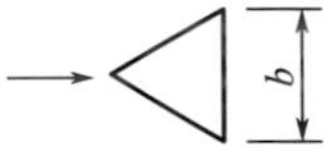 b	1.3
 b　$\frac{r}{b}=0.08$	1.3
 b　$\frac{r}{b}=0.25$	0.5

表 2-2　常用結構形式的慣性力係數

剖面形狀	C_M	剖面形狀	C_M
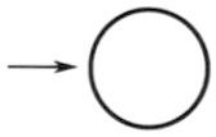	2.0	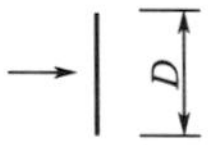 D　$A=D^2$	1.6
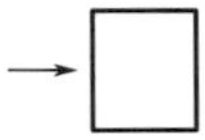	2.5	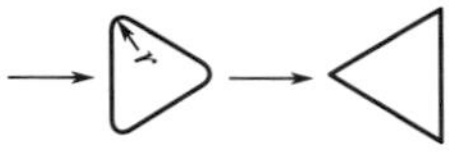	2.3
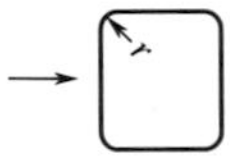	2.5	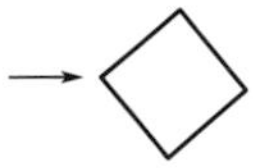	2.2

③ 標準 Morison 方程假定，受力結構是剛性的。如果結構具有動力響應或者是漂浮體的一部分，其所引起的運動與水質點速度和加速度相較可能是重要的。這時，有必要使用下面的動力形式

$$dF=\frac{1}{2}\rho C_D D\,|u-u_b|\,(u-u_b)\,ds+\rho C_M A(\dot{u}-\dot{u}_b)\,ds+(\rho A\,ds-M)\dot{u}_b \tag{2-56}$$

式中　u_b——結構元件增量微元段的運動速度，m/s；

$\dot{u}_b$——相應的加速度，m/s^2；

M——微元段的質量，kg。

如果物體是漂浮的（這時排水體積的重量等於物體質量），或其加速度爲零，則式(2-56）的最後一項爲零，速度和加速度只需向量相加，並且採用 Morison 方程的標準形式即可。如果只考慮漂浮體的一部分，這時增量微元段所排水重量並不等於其質量，則仍要採用式(2-56)。

④ 採用本文所列的 C_D 值的 Morison 方程僅給出垂直結構元件縱軸的力，而沿元件縱軸方向的力並没有計入，因此僅適用於具有小面摩擦值的元件。對大多數光滑元件來説，這種近似是成功的，但對較大粗糙度的元件，例如堆積了較多海生物的構件，或構件上裝有一些外加附件，如樁柱的導線、角板、加強肋等時，這種假定可能不成立。這時沿元件軸向的力必須計算。在大多數情況下，最經常的方法是用試驗測量，有時也假定一個面摩擦係數，一般認爲是阻力係數的十分之一的數量級的量。

(2) 使用 Morison 方程所面臨的一些問題

前面已經探討了 Morison 方程適用性的一些限制假定，這一部分考察設計中採用 Morison 方程時需要處理的一些問題。

① 係數的選擇　正如前面已經討論的那樣，方程係數依賴於 Reynold 數、物體表面粗糙度、質點軌圓半徑與物體直徑的比（a/D）、Keulegan-Carpenter 數等。一般説來，a/D 是隨時間及不同構件而改變的。不過，在設計中通常主要考慮最危險的或最大受力的情形。於是僅需考慮最大波浪運動相應的係數即可。

② 干涉和屏蔽的作用　考慮與另一桿件非常接近的構件的受力時，要考慮尾跡場的影響問題。因爲第一構件發放的渦流可能激發起在其後面的構件的動力響應，從而使得採用 Morison 方程計算的力增加，相反，較大構件周圍各面的小構件將受到屏蔽作用，從而將感受較小的力。當互相之間的距離超過構件的直徑和水質點軌圓直徑時，有可能把干涉和屏蔽作用略去。在大多數情況下，只有波浪引起的力的阻力分量受這種情形的影響。

③ 管群的附加質量　管群的附加質量問題實際上是干涉或屏蔽對阻力影響的同一問題的另一個方面。如果幾個桿件彼此非常靠近地布置在一起，例如海洋生產平臺的導管、張力腿平臺的張力腿等，由這些桿件圍起來的水質量的一部分將起到結構一部分相同的作用，從而使所有桿件的慣性係數增加，增加多少隨布置的形式不同而改變。對直徑爲 0.75m 的生產導管，中心到中心以 2m 的距離排成正方形，發現其慣性係數高達 3.0。中國《港口工程技術規範（1987）》給出了波浪力的管群

係數 k（見表 2-3）以考慮管群的影響（表中 λ 爲柱體間距，D 爲柱徑）。

表 2-3　管群係數 k

排列方式 \ λ/D	2	3	4
垂直波向	1.5	1.25	1.0
平行波向	0.7	0.8	1.0

④ 空間斜桿的 Morison 方程的一般形式　如圖 2-3 所示的空間斜桿，是海洋工程中常常遇到的例子。

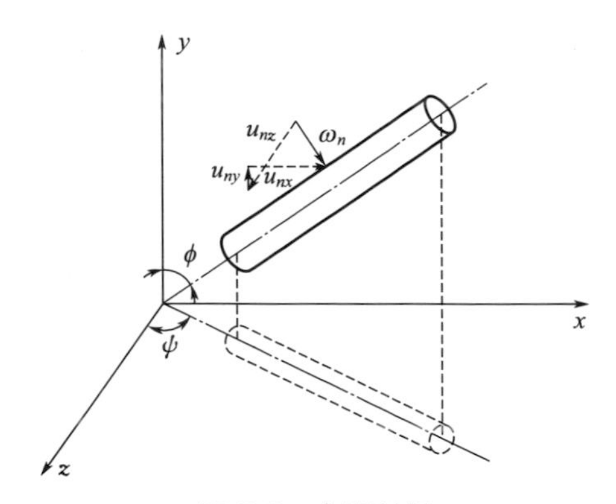

圖 2-3　空間斜桿

這時 Morison 方程的一般形式可寫成

$$\begin{bmatrix} F_x \\ F_y \\ F_z \end{bmatrix} = \frac{1}{2}\rho C_D D \left| \omega_n \right| \begin{bmatrix} u_{nx} \\ u_{ny} \\ u_{nz} \end{bmatrix} + \rho C_M A \begin{bmatrix} \dot{u}_{nx} \\ \dot{u}_{ny} \\ \dot{u}_{nz} \end{bmatrix} \tag{2-57}$$

其中，速度和加速度向量可表示成球座標系的形式如下。

令沿斜桿軸方向的單位向量爲 $\boldsymbol{e}$，則

$$\boldsymbol{e} = e_x \boldsymbol{i} + e_y \boldsymbol{j} + e_z \boldsymbol{k} \tag{2-58}$$

式中，$e_x = \sin\psi\cos\phi$；$e_y = \sin\psi\sin\phi$；$e_z = \cos\psi$。

若已知水質點的速度的水平和垂直分量分別爲 u 和 v，那麼，垂直於桿的速度向量可表示爲

$$\begin{aligned} \omega_n &= u_{nx}\boldsymbol{i} + u_{ny}\boldsymbol{j} + u_{nz}\boldsymbol{k} \\ &= \boldsymbol{e}[(u\boldsymbol{i} + v\boldsymbol{k})\boldsymbol{e}] \end{aligned} \tag{2-59}$$

於是得到式(2-57) 中各分量表示式如下

$$u_{nx} = u - e_x(e_x u + e_z v) \tag{2-60}$$

$$u_{ny}=-e_y(e_zv+e_xu) \tag{2-61}$$

$$u_{nz}=-v-e_z(e_zv+e_xu) \tag{2-62}$$

$$|\omega_n|=(\omega_n\omega_n)^{1/2}=[u^2+v^2-(e_xu+e_zv)^2]^{1/2} \tag{2-63}$$

注意：相應於前面的討論，係數選擇中相應的 Reynold 數和 KC 數，這時定義爲

$$R_e=|\omega_n|D/v \quad KC=|\omega_n|T/D \tag{2-64}$$

⑤ 阻力項的線性化和線化 Morison 方程　Morison 方程式(2-54)中的阻力項，實際上是非線性的。這給具體計算帶來極大困難，爲了能在工程分析中採用譜分析的方法，往往對阻力項採用擬線性化的近似，即

$$|u|u=u_{\mathrm{rms}}\sqrt{\frac{8}{\pi}}u \tag{2-65}$$

其中，u_{rms} 爲速度的均方根值，在穩態隨機過程的假定下將爲常數。

實際上，如果我們假定存在一個線性化的阻力係數 C_D，則

$$F=\frac{1}{2}\rho C_D D|u|u+\rho C_M A\dot{u}=\frac{1}{2}\rho\overline{C}_D Du+\rho C_M A\dot{u}+E \tag{2-66}$$

其中 E 表示引起線性化阻力係數後所產生的誤差。於是

$$E=\frac{1}{2}\rho D(C_D|u|u-\overline{C}_D Du) \tag{2-67}$$

利用最小二乘法，求最小誤差值 E，即

$$\left\langle\frac{\partial E^2}{\partial\overline{C}_D}\right\rangle=-\frac{\rho D^2}{2}\langle C_D|u|u^2-\overline{C}_D u^2\rangle=0 \tag{2-68}$$

式中 $\langle\rangle$ 表示對時間求平均值，因此

$$\overline{C}_D=C_D\frac{\langle|u|u^2\rangle}{\langle u^2\rangle} \tag{2-69}$$

對具有零平均的平穩高斯過程

$$\langle u^2\rangle=u_{rms}^2 \tag{2-70}$$

$$\langle|u|\rangle=u_{rms}\sqrt{8/\pi} \tag{2-71}$$

$$\langle|u|u^2\rangle=u_{rms}^3\sqrt{8/\pi} \tag{2-72}$$

這樣，便可得出

$$\overline{C}_D=C_D\sqrt{8/\pi}u_{rms} \tag{2-73}$$

並且，線化 Morison 方程可寫成

$$F=\frac{1}{2}\rho C_D D\sqrt{8/\pi}u_{rms}u+\rho C_M A\dot{u} \tag{2-74}$$

2.4.2 繞射理論

(1) 繞射理論基本概念

繞射問題是指波浪向前傳播遇到相對靜止的結構物後，在結構表面將產生一個向外散射的波，入射波與散射波的疊加達到穩定時將形成一個新的波動場，這樣的波動場對結構的荷載問題稱爲繞射問題，如圖 2-4 所示。簡言之，繞射問題是指入射波的波浪場與置於其中的相對靜止的結構之間的相互作用問題。

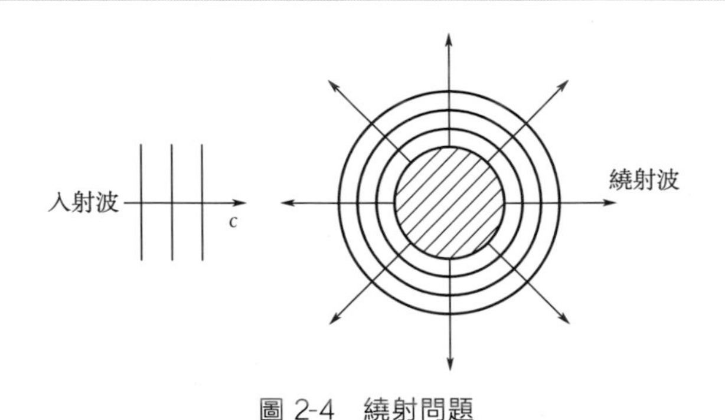

圖 2-4 繞射問題

在大尺度物體繞射問題中，必須考慮對入射波的散射效應和自由表面效應的影響，此時波浪對結構物的作用主要是附加質量效應和繞射效應，而黏滯效應是相對較小的，可以忽略不計。這樣可以忽略流體的黏性，從而引入均勻、無黏性、不可壓縮的理想流體假設，勢流理論應運而生。進一步引入不同假設可簡化結構物-流體相互作用的物理過程，如認爲入射波是線性的，而且波浪與結構物的相互作用也是線性的，則稱之爲線性繞射問題。在此假定下，可以建立起合理的數學模型來求解作用力問題。

在固定式海洋平臺的設計中，往往採用繞射理論與 Morison 方程結合起來的方法，以計算作用在平臺上的波浪力。一般説來，對排水體積比較大的物體採用繞射理論進行處理比較合適，而對直徑相對小些的部件可採用 Morison 方程。

(2) 作用在大直徑圓柱體上波浪力的一種解析解

用繞射理論來計算作用在大型結構上的波浪力，一般是相當困難的，只有形狀相當簡單的結構才能求出相應的解析解。這裏討論規則波中作用在大直徑圓柱體上的波浪力，在理想、無旋、有勢的假定下求解 Laplace 方程的邊值問題。

鑒於問題的軸對稱性，引入柱座標系，如圖 2-5 所示。這時 Laplace 方程變成

$$\frac{\partial^2 \phi}{\partial r^2}+\frac{1}{r}\times\frac{\partial \phi}{\partial \theta}+\frac{1}{r^2}\times\frac{\partial^2 \phi}{\partial \theta^2}+\frac{\partial^2 \phi}{\partial z^2}=0 \tag{2-75}$$

其中，$\phi=\phi_I+\phi_D$，ϕ_I 表示入射波勢，ϕ_D 表示繞射波勢。於是，物面條件可寫成

$$\frac{\partial \phi}{\partial r}=\frac{\partial \phi_I}{\partial r}+\frac{\partial \phi_D}{\partial r}=0, r=d \tag{2-76}$$

式中，d 爲圓柱的半徑。

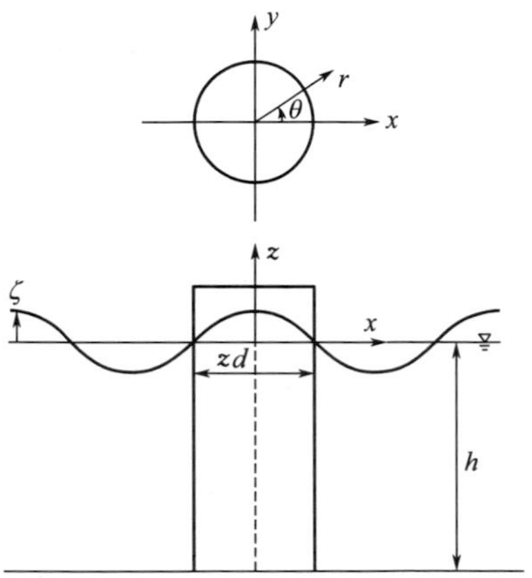

圖 2-5　柱座標系

入射波勢 ϕ_I 是已知的，採用線性波理論

$$\phi_I=A\frac{\cosh k(z+h)}{\cosh kh}e^{i(kx-\omega t)} \tag{2-77}$$

因爲在柱座標系下

$$e^{ikx}=e^{ikr\cos\theta}=\cos(kr\cos\theta)+i\sin(kr\cos\theta) \tag{2-78}$$

根據數學函數手冊，式(2-78) 的右邊可以展成 Bessel 函數的無窮級數，於是入射波的速度位能寫成

$$\phi_I=A\frac{\cosh k(z+h)}{\cosh kh}\left[\sum_{n=0}^{\infty}\beta_n J_n(kr)\cos(n\theta)\right]e^{-i\omega t} \tag{2-79}$$

其中

$$\beta_n=\begin{cases}1 & n=0\\ 2i^n & n\geqslant 1\end{cases} \tag{2-80}$$

$J_n(kr)$爲 n 階第一類 Bessel 函數。

繞射波勢除滿足 Laplace 方程式(2-75) 外，同時還應滿足散射條件

$$\lim_{r\to\infty}\sqrt{r}\left(\frac{\partial \phi_D}{\partial r}-ik\phi_D\right)=0 \tag{2-81}$$

設繞射波勢 ϕ_D 爲

$$\phi_D=\sum_{i=0}^{\infty}A\frac{\cosh k(z+h)}{\cosh kh}\psi_n(r)\cos(n\theta)e^{-i\omega t} \tag{2-82}$$

把式(2-82) 代入式(2-75)，可得 Bessel 方程

$$\frac{\partial \psi_n}{\partial r^2}+\frac{1}{r}\times\frac{\partial \psi_n}{\partial r}+\left(k^2-\frac{n^2}{r^2}\right)\psi_n=0 \tag{2-83}$$

取上述 Bessel 方程的解爲

$$\psi_n=\beta_n B_n H_n^{(1)}(kr) \tag{2-84}$$

其中，B_n 爲未定（複）係數，$H_n^{(1)}(kr)$爲第一類 Hankel 函數。

把式(2-84) 代入式(2-82) 便得到

$$\phi_D=A\,\frac{\cosh k(z+h)}{\cosh kh}\left[\sum_{n=0}^{\infty}\beta_n B_n H_n^{(1)}(kr)\cos n\theta\right]\mathrm{e}^{-i\omega t} \tag{2-85}$$

由於第一類 Hankel 函數 $H_n^{(1)}(kr)$的變量 $kr\to\infty$時的漸進形式爲

$$H_n^{(1)}(kr)\to\left(\frac{2}{\pi kr}\right)^{1/2}\exp\{i[kr-(2n+1)\pi/4]\} \tag{2-86}$$

容易看出，ϕ_D 將滿足散射條件式(2-81)。

爲了確定未定係數 B_n，可把式(2-85) 和式(2-79) 同時代入式(2-77)，從而得到

$$B_n=-J'_n(kd)/H_n^{(1)'}(kd) \tag{2-87}$$

其中一撇表示相應自變量的微分。這樣便得到完整的解如下

$$\phi=A\,\frac{\cosh k(z+h)}{\cosh kh}\left[\sum_{n=0}^{\infty}\beta_n\left(J_n(kr)-\frac{J'_n(kd)}{H_n^{(1)'}(kd)}H_n^{(1)}(kr)\right)\cos n\theta\right]\mathrm{e}^{-i\omega t} \tag{2-88}$$

一旦速度勢已經確定，所有相關參數都可直接得到，如自由表面高度

$$\zeta=-\frac{1}{g}\left(\frac{\partial \phi}{\partial t}\right)_{z=0} \tag{2-89}$$

利用 Abramowitz 和 Stegun（1965 年）提供的恆等式

$$J_n(kd)-\frac{J'_n(kd)}{H_n^{(1)'}(kd)}H_n^{(1)}(kd)=\frac{2i}{\pi kd H_n^{(1)'}(kd)} \tag{2-90}$$

便可得到 $r=d$ 時的 ζ 值

$$\left(\frac{\zeta}{d}\right)_{r=d}=\left[\sum_{n=0}^{\infty}\frac{i\beta_n\cos(n\theta)}{\pi kd H_n^{(1)'}(kd)}\right]\mathrm{e}^{-i\omega t} \tag{2-91}$$

作用在柱體表面上的壓力，根據 Bessel 方程

$$P=-\rho g z-\rho\left(\frac{\partial \phi}{\partial t}\right)_{r=d}$$

得到

$$\left(\frac{P}{\rho h H}\right)_{r=d}=-\frac{z}{H}+\frac{\cosh k(z+h)}{\cosh kh}\sum_{n=0}^{\infty}\frac{i\beta_n\cos(n\theta)}{\pi kd H_n^{(1)'}(kd)}\mathrm{e}^{-i\omega t} \tag{2-92}$$

作用在柱體橫剖面 z 處的 x 方向的力，可沿柱體周線壓力積分得到

$$f_z(z) = -\int_0^{2\pi} p(\theta, d) d \cos\theta \mathrm{d}\theta \tag{2-93}$$

即

$$\frac{\mathrm{d}F_z/\mathrm{d}z}{\rho g H d} = 2\frac{f_d(kd)}{kd} \times \frac{\cosh k(z+h)}{\cosh kh} \cos(\omega t - \delta) \tag{2-94}$$

式中

$$f_d(kd) = [J'^2_1(kd) + Y'^2_1(kd)]^{-1/2}$$
$$\delta = -\arctan[Y'_1(kd)/J'_1(kd)]$$

在導出式(2-94) 的過程中，已經利用了三角函數正交的性質，以及複數的性質。

作用在柱體上的總波浪力和力矩，能根據下式計算

$$\frac{F}{\rho g H d h} = 2\frac{f_d(kd)}{kd} \times \frac{\tanh(kh)}{kh} \cos(\omega t - \delta) \tag{2-95}$$

$$\frac{M}{\rho g H d h} = 2\frac{f_d(kd)}{kd} \times \frac{kh \sinh(kh) + 1 - \cosh(kh)}{(kh)^2 \cosh(kh)} \cos(\omega t - \delta) \tag{2-96}$$

爲與前面討論的 Morison 方程比較起見，我們引入等效慣性係數 C_M 來表示波浪力的幅值，從而把總波浪力寫成

$$F = \frac{\pi}{\delta} \rho g H D^2 \tanh(kh) C_M \cos(\omega t - \delta) \tag{2-97}$$

其中，$D = 2d$ 爲圓柱體的直徑，

$$C_M = \frac{4}{\pi (kd)^2} f_d(kd) = \frac{4}{\pi (kd)^2} \times \frac{1}{\sqrt{J'^2_1(kd) + Y'^2_1(kd)}} \tag{2-98}$$

(3) Green 函數法

對於任意形狀的大型結構，一般都難以得到解析解，因此常常使用數值計算方法。目前流行的數值計算方法有有限元方法和有限基本解方法兩種，有限基本解方法通常又稱爲 Green 函數法。下面介紹 Green 函數方法。

沉箱和上層建築的複合結構如圖 2-6 所示。假定上層建築對沉箱的影響可略去，而只考慮波浪與沉箱的相互作用。於是，計算上層建築上的波浪力則只能採用繞射理論了。

這樣的問題中，相應的速度勢可寫成

$$\Phi = \Phi_I + \Phi_D \tag{2-99}$$

其中，Φ_I 爲入射波相應的速度勢，Φ_D 表示沉箱所產生的散射波勢。線性入射波的速度勢爲

$$\Phi_I = \mathrm{Re}[\phi_I \mathrm{e}^{-i\omega t}]$$

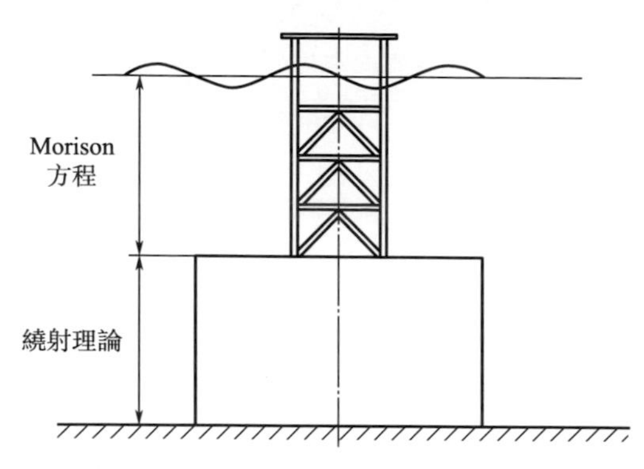

圖 2-6 沉箱和上層建築的複合結構

其中

$$\phi_I = -\frac{iga}{\omega} \times \frac{\cosh k(z+h)}{\cosh kh} \mathrm{e}^{i(kx\cos\theta - ky\sin\theta)} \tag{2-100}$$

θ 表示入射波的入射角。

散射波勢的邊值問題可建立如下

$$\nabla^2 \phi_D = 0 \tag{2-101}$$

$$\partial \phi_D / \partial z = 0, z = -h \tag{2-102}$$

$$\frac{\partial \phi_D}{\partial z} - \frac{\omega^2}{g} \phi_D = 0, z = 0 \tag{2-103}$$

$$\frac{\partial(\phi_I + \phi_D)}{\partial n} = 0, F(x, y, z) = 0 \tag{2-104}$$

以及適當的散射條件。其中 $F(x, y, z) = 0$ 爲物面方程。

在前面的討論中，已知滿足式(2-101)～式(2-104) 及適當散射條件的邊值問題有基本解，並可寫成

$$G = \frac{1}{r} + \frac{1}{r^2} PV \int_0^\infty \frac{2(k+v)\mathrm{e}^{-kh} \cosh[k(\zeta+h)]\cosh[k(z+h)]}{k\sin(kh) - v\cosh(kh)} J_0(kR)\mathrm{d}k + i\frac{2\pi(\mu_0 - v)\mathrm{e}^{-\mu_0 k} \sinh(\mu_0 h)\cosh[\mu_0(\zeta+h)]\cosh[\mu_0(z+h)]}{vh + \sinh^2(\mu_0 h)} J_0(\mu_0 R) \tag{2-105}$$

注意，這裏採用的複數形式表示，其中(ξ, η, ζ)表示流域中某已知點存在三維單位強度振動源。如果在沉箱表面上做適當的源分布，則在流場中一點(x, y, z)上的速度勢可表示爲

$$\phi_D=\frac{1}{4\pi}\iint_S f(\xi,\eta,\zeta)G(x,y,z;\xi,\eta,\zeta)\mathrm{d}S \tag{2-106}$$

由於問題本身的線性性質，顯然式(2-106) 仍滿足邊值問題式(2-101)～式(2-104)。其中 Green 函數由式(2-105) 給出，只有源強分布函數 $f(\xi,\eta,\zeta)$未知。這可通過式(2-104) 解出。

當把式(2-106) 代入式(2-104) 中，求散射勢 ϕ_D 的法向導數時，注意到，當流域中某點 $p(x,y,z)$接近面源點 $q(\xi,\eta,\zeta)$時，由 Green 函數可知，式(2-106) 的法向導數是奇異的。因此，在計算式(2-106) 的積分導數時，要小心，一般可把式(2-106) 的導數分解成二項。即

$$\frac{\partial\phi_D}{\partial n}=\frac{1}{4\pi}\iint_{S-\Delta S} f(\xi,\eta,\zeta)\frac{\partial G}{\partial n}(x,y,z;\xi,\eta,\zeta)\mathrm{d}S+\frac{1}{4\pi}\frac{\partial}{\partial n}\iint_{\Delta S} fG\,\mathrm{d}S \tag{2-107}$$

為討論方便，把 Green 函數寫成

$$G=\frac{1}{r}+G^* \tag{2-108}$$

當 $p\to q$ 時，

$$G=\frac{1}{\varepsilon}+G^* \tag{2-109}$$

其中，ΔS 為以 q 點為圓心，ε 為半徑在物面上截取的小面元。

所以，式(2-107) 第二個積分內有奇異，不能交換積分微分號。不過，此時由於 ε 充分小，小面元 ΔS 可看成是一個圓，其上的源強 f 可近似地看成是一個常數。如此 [注意到 $r=(R^2+z^2)^{1/2}$]，當 $\varepsilon\to 0$ 時

$$\iint_{\Delta S} fG\,\mathrm{d}S=f\int_0^{2\pi}\int_0^{\varepsilon}\left(\frac{1}{r}+G^*\right)R\,\mathrm{d}R\,\mathrm{d}\theta=f2\pi\left(\sqrt{\varepsilon^2+z^2}-\sqrt{z^2}\right) \tag{2-110}$$

$$\nabla\left(\iint_{\Delta S} fG\,\mathrm{d}S\right)=\nabla\left[f2\pi\left(\sqrt{\varepsilon^2+z^2}-\sqrt{z^2}\right)\right]=-\boldsymbol{n}(2\pi f) \tag{2-111}$$

於是，式(2-107) 第二項可寫成

$$\frac{1}{4\pi}\times\frac{\partial}{\partial n}\iint_{\Delta S} fG\,\mathrm{d}S=\frac{1}{4\pi}(\boldsymbol{n}\cdot\nabla)\iint_{\Delta S} fG\,\mathrm{d}S=-\frac{1}{2}f \tag{2-112}$$

因此，邊界條件式(2-104) 可寫成

$$-f(x,y,z)+\frac{1}{2\pi}\iint_S f(\xi,\eta,\zeta)\frac{\partial G}{\partial n}(x,y,z;\xi,\eta,\zeta)\mathrm{d}S=-2\frac{\partial\phi_0}{\partial n} \tag{2-113}$$

這個方程常稱為 Fredholm 積分方程，一般可通過數值方法求解。

如果通過式(2-113)解出源強分布函數 $f(\xi,\eta,\zeta)$，那麼便可從式(2-106)求出流場中沉箱的散射速度勢 ϕ_D，整個流場的速度勢也就確定了。一旦求出流場中速度勢函數後，可根據 Bernoulli 方程

$$P=-\rho\frac{\partial\Phi}{\partial t}-\frac{1}{2}\rho|\nabla\Phi|^2-\rho gz \tag{2-114}$$

把相應的速度勢代入，從而計算出作用在沉箱上的流體壓力。其中，第二項是速度平方項的貢獻，一般比第一項小得多，常可略去；最後一項表示流體靜壓力的作用。

至此，作用在沉箱上的波浪力和力矩可通過淹濕表面對式(2-114)積分得到。注意，這時流體靜壓力的作用不再計入。

$$\boldsymbol{F}=\iint P\boldsymbol{n}\,\mathrm{d}S=-\rho\iint\frac{\partial\Phi}{\partial t}\boldsymbol{n}\,\mathrm{d}S \tag{2-115}$$

$$\boldsymbol{M}=\iint P(\boldsymbol{r}'\times\boldsymbol{n})\,\mathrm{d}S=-\rho\iint\frac{\partial\Phi}{\partial t}(\boldsymbol{r}'\times\boldsymbol{n})\,\mathrm{d}S \tag{2-116}$$

式中，$\boldsymbol{r}'$表示積分表面上點的位置向量；$\boldsymbol{n}$ 爲積分表面的單位外法線方向。

當然，在具體計算作用在大型固定結構上的波浪力時，仍有許多實際問題需要處理，這方面的參考文獻很多，有興趣者可以參閱 C. J. Garrison（1978 年）等人的文章。

2.4.3 Morison 方程與繞射理論的關係

繞射理論是在理想、不可壓縮、無旋的假定下建立起來的，並且利用線性化自由表面條件求得線性解。因而，繞射理論面臨兩個基本限制：①忽略黏性所引起的影響；②假定小幅運動而使自由表面條件線性化所產生的影響。

首先考慮小幅運動假定的影響。Raman 和 Venkatanarasaih（1976 年）針對波浪與固定結構的相互作用問題，把繞射理論推廣到二階，從而得到線性化自由表面條件影響的一些結果。結果似乎表明，只有在淺水大振幅波時，非線性影響才變得重要起來。在實際計算近海沉箱類固定結構物的波浪作用力時，非線性繞射理論將明顯地得出較大的值。而對大多數處於較深水域的結構物，非線性自由表面的影響一般可略去。對垂直穿出水表面的圓柱體，當水深 h 與波長 λ 比大於 0.25，波傾達到 0.09 時，非線性影響小於 5%，只有 $h/\lambda<0.25$ 時，非線性影響才變得較爲顯著，其增加的程度多少正比於波傾。

其次，略去黏性對繞射理論的影響問題。在高 Reynold 數條件下，

衆所周知，黏性影響主要集中在流域的邊界層內。對純體，例如圓柱體，邊界層的發展會引起流動分離，從而形成尾跡區。進而使局部壓力，以及作用在物體上的力與根據無黏性假設下計算的結果不同。因此，必須考慮控制流動分離和尾渦發展的參數，以及略去黏性後繞射理論的實際限制。

這些問題是極其複雜的。實際上將依賴於物體的形狀、振盪運動類型、相對物體尺度的流體運動的振幅、Reynold 數等，期望從理論上完全解決，爲期尚遠。目前，多數是通過測量流過圓柱體的振盪流所感生的作用力，得到試驗結果以給出近似的解答。並且，對設計有價值的數據大多取自實尺度的海試測量或接近實尺的試驗結果。因爲實驗室所做的試驗，絕大多數都是在不合適的 Reynold 數條件下進行的，而在次臨界或在超臨界流中試驗所得的結果將相當不同。當然，實驗室的試驗仍然是有價值的，但不是爲設計目的得出有用數據，而在於對複雜流動的深入瞭解，以幫助建立更爲準確的理論。

綜合本節內容，推薦兩個簡單規範用於判斷阻力、慣性力與繞射力對波浪力貢獻的相對重要性：

① $2a/D \leqslant 1$ 時，阻力可以忽略；

② $D/\lambda < 0.2$ 時，繞射影響可以忽略。

據此，以規則波中固定圓柱體爲例，給出了繞射理論和 Morison 方程計算波浪力時各自的適用範圍（見圖 2-7）。

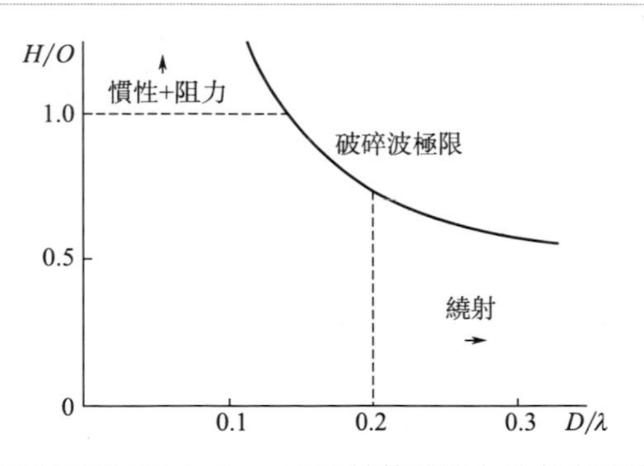

圖 2-7　繞射理論和 Morison 方程計算波浪力時各自的適用範圍

第3章

波浪能發電裝置概述

3.1 波浪能發電裝置基本原理

波浪能是指海洋表面波浪所具有的動能和位能。波浪的能量與波高的平方、波浪的運動週期以及迎波面的寬度成正比，此外也與波浪功率的大小、風速、風向、風時、流速等諸多因素有關。

利用波浪能發電裝置將波浪能轉換成電能的過程，根據採集、傳遞和儲存的裝置不同一般可分成兩級裝置，稱之爲一級裝置和二級裝置。首先一級裝置利用物體或者波浪自身上下浮升和搖擺運動將波浪能轉化成機械能，再將機械能轉變成旋轉機械（如水力透平、空氣透平、液壓電動機、齒輪增速機構）的機械能，其次利用二級裝置將機械能轉化成電能利用。原理示意圖如圖 3-1 所示。

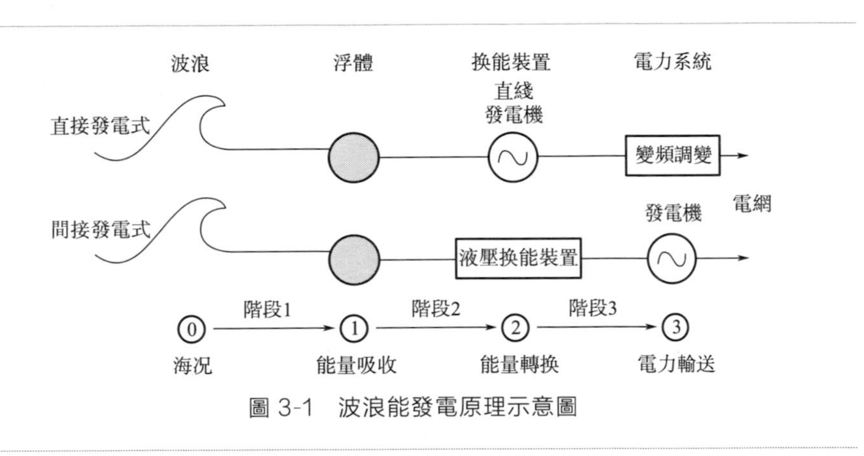

圖 3-1　波浪能發電原理示意圖

目前已經研究開發比較成熟的波浪能發電裝置基本上有三種類型。一是振盪水柱型，用一個容積固定的，與海水相通的容器裝置，通過波浪產生的水面位置變化引起容器內的空氣容積發生變化，壓縮容器內的空氣（中間介質），用壓縮空氣驅動葉輪，帶動發電裝置發電。中國科學院廣州能源研究所在廣東汕尾建成的 100kW 波浪發電站（固定岸式）、日本海明發電船（浮式）以及航標燈式波浪能裝置都是屬於這種類型。二是機械型，利用波浪的運動推動裝置的可移動部分——鴨體、筏體、浮子等，可移動部分壓縮（驅動）油、水等中間介質，通過中間介質推動轉換發電裝置發電。三是水流型，利用收縮水道將波浪引入高位水庫形成水位差（水頭），利用水頭直接驅動水輪發電機組發電。這三種類型各有優缺點，但有一個共同的問題是波浪能轉換成電能的中間環節多、效率低、電力輸出波動性大，這也是影響波浪發電大規模開發利用的主要原因之一。把分散的、低密度的、不穩定的波浪能吸收起來，集中、經濟、高效地轉化爲有用的電能，裝置及其構築物能承受災害性海洋氣候的破壞，實現安全運行，是當今波浪能開發的難題和方向。

3.2 波浪能轉換方式

波浪能的轉換就是將海洋上的波浪能通過一定的轉換方式，使之成爲可以利用的動力，可以被認爲是耗能的逆過程。根據轉換方式的不同，波浪能轉換裝置可分爲不同形式，但大致可以被分爲三個轉換環節。第一級與波浪直接接觸俘獲波浪能，將波浪能轉換成發電系統所能接受的實體能量，通常表現爲在波浪運動下的起伏機械能，如浮子（如圖 3-2 所示）、擺板等裝置；第二級爲中間轉化和傳輸系統，把起伏的機械能傳輸到第三級進行發電；第三級即發電系統和輸出電力系統，通常爲發電機。這三級是相互聯繫，相互作用的。最重要的是第一級的波浪能俘獲系統，波浪能俘獲的多少直接影響到後面二、三級系統的轉化效率和發電量。第二級主要起穩向、增速、穩速的作用。第一級與第三級之間很多時候具有一定的距離，必須有第二級在兩者之間起到連接和能量傳遞作用。各個環節及其作用簡要介紹如下。

圖 3-2 漂浮式波浪能發電裝置浮子

（1）第一級轉換

第一級轉換通常由兩個實體組成，分別爲受能體和定體，它們能夠把波浪垂蕩運動所帶有的動能和位能轉化爲發電裝置所持有的能量。其中，受能體是與波浪接觸的部分，並能從波浪中接受其所持有的能量。固定體相對於受能體可以看作是相對固定的，並可產生與受能體相對的運動。受能體和固定體之間的相對運動實現能量轉換的方式可以是多種多樣的，如機械能轉換、液壓能轉換、空氣能轉換等，以此來實現波浪能的第一級轉換。

（2）中間轉換

在波浪能轉換的體系中，中間轉換可以認爲是作爲橋梁作用的部分，並實現把第一級轉換與最終轉換相連接的功能。中間轉換可以起到穩定、提速、穩速以及在離岸式波浪能發電裝置中起到能量輸送的作用。中間轉換同樣具有多種的形式，具體可以分爲機械式、液壓式和氣動式等。

波浪能轉換過程是不穩定的，所以在中間轉換環節通常具有儲能的結構，以達到可以儲存多餘能量和釋放能量的目的。儲能結構常採用飛輪、水池水室、壓縮水或空氣罐等裝置。

（3）最終轉換

最終轉換通常是將機械能轉換爲電能的部分，較多被使用的是帶有相應調節機構的發電機。發電機上之所以要有調節機構，是因爲發電機所處的工作環境是不穩定的，變化比較劇烈，對發電機的效率會有較大的影響。最終所得到的電能的輸出和使用，對於小型發電裝置，例如航標設備等，是將不穩定的電流通過整流電路的整流，然後在蓄電池內儲存起來，並給這些小型設備供電。而對於大型波浪能發電裝置，則通常是把電能通過海底輸電電纜輸送到陸上電網以供下一步的使用。

波浪能轉換裝置的能源利用終端主要是以電能的方式輸出，當然也可以有其他能量形式輸出利用，如機械能以及海水淡化等方式。以目前的電能輸出而言，波浪能至電能的轉換必然要求中間的能量轉換環節。常見的能量轉換環節主要爲，以液壓轉換方式爲例說明，波浪能轉換成擺板的機械能（一級轉換），機械能轉換爲液壓能（二級轉換），液壓能轉換爲液壓馬達的機械能（三級轉換），最終通過發電機轉換成電能（四級轉換）。當然有的波浪能轉換裝置採用不同的中間過渡形式而節省了一些環節，如瑞典的烏普薩拉大學（Uppsala University）及美國的俄勒岡州立大學（Oregon State University）採用的就是線性電機直驅模式。這裏描述的電能轉換終端系統即指波浪能轉換爲電能輸出前的最後一級轉換方式。通常採用的終端系統主要是空氣透平、水輪機、液壓馬達，以及後來出現的線性直驅電機等。這些系統多是以機械能的方式輸出或輸入，其應用範圍多是與不同的一級轉換形式相適應。如空氣透平主要適用於振盪水柱型波浪能轉換裝置；水輪機多適用於 Overtopping 型式；液壓馬達多採用於鉸接擺式；線性直驅電機多適用於振盪浮子式等。

傳統的空氣透平不能適用於波浪能裝置的往復氣流形式，並且由於輸入能量的特點，其輸出扭矩也是不穩定的，因此對自整流空氣透平的研究和應用就很多，這種透平的好處在於其輸出扭矩的方向與驅動葉輪旋轉的氣流的方向無關。Dr. Allan Wells 在 20 世紀 70 年代中期發明瞭威爾斯（Wells）透平，並且根據轉子的數目分爲單轉子和雙轉子兩種，而且又分爲有導流葉片和無導流葉片區分。日本、印度、中國和歐洲等對這種透平的研究較多，多在振盪水柱波浪能轉換裝置上有所應用。其優點主要體現在：較高的軸流速度比，即可以輸出較大的轉速，這樣就可以很好地和傳統的發電機匹配連接；較高的峰值效率，可以達到約 80％；設計和建造成本較低。同樣其不足點主要表現在：輸出扭矩較低；容易出現失速現象；較大的噪聲出現；體積較大，比較笨重；額定功率爲 400kW 的發電裝置所需葉輪直徑 2.3m，500kW 約需 2.6m。

可變斜度 Wells 透平（見圖 3-3）的概念在 20 世紀 70 年代被提出，其目的是適應不同的氣流工作壓力區間，使其適應性更強，工作效率更高。I. A. Babinsten 在 1975 年發明瞭一種自整流衝擊透平（見圖 3-4），它同傳統的軸流衝擊蒸汽渦輪機相似，不同的是由於其整流需要而變成了兩排對稱布置的導流罩。比較兩種透平可以發現，Wells 透平的轉速相對較高，和傳統的發電設備匹配較容易，使得發電成本降低。可變斜度衝擊透平受離心壓力和馬赫數的影響較小，在波浪能豐富的深海中比較適合。

圖 3-3　導流葉片 Wells 透平

圖 3-4　衝擊透平

Overtopping 式波浪能發電裝置多是以水輪機輸出能量至發電機的系統實現，另外鉸接擺式 Oyster 也是採用這種模式。這種水輪機根據波浪能發電裝置的規模和水頭大小一般分爲低水頭和高水頭兩種類型。低水頭的水流落差在幾米至十幾米之間，高水頭則一般在百米以上。採用水輪機的優點是它的能量轉換效率較高，一般在 90%以上。

由於鉸接擺式波能裝置的大推力及低頻特性，因此油壓系統特別適合於這種形式的波浪能發電系統，如圖 3-5 所示。通常在油路上配合有蓄能器以平滑波浪大推力的瞬間衝擊，目前這種能量轉換系統得到較多的應用。振盪浮子式波浪能轉換裝置也較多採用此模式。這種模式的不足點在於泄油容易污染海水，以及壽命比較短。

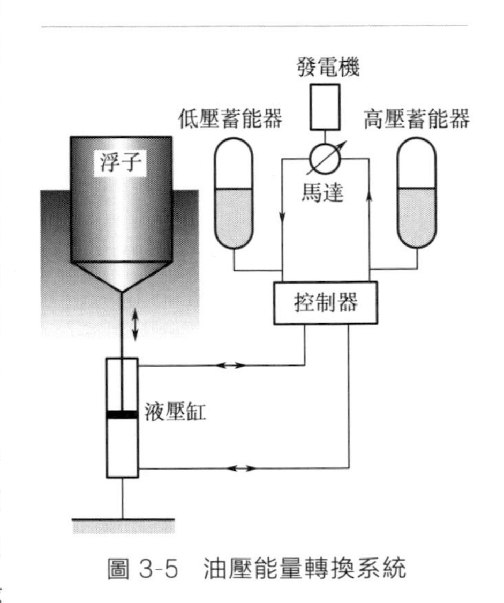

圖 3-5 油壓能量轉換系統

線性電機直驅系統早在 1981 年 Mc Cormick 就已經提出，最早的應用出現在荷蘭的振盪浮子式波浪能轉換裝置 Archimedes Wave Swing (AWS) 上。還有瑞典烏普薩拉大學（浮體直徑 3m）和美國俄勒岡州立大學（浮體直徑 3.5m）的振盪浮子式波浪能轉換裝置。直驅的優點顯而易見，省去了中間能量轉換的損耗，提高了整個系統的波浪能轉換效率。區別於傳統的轉子轉動的電機設備，該電機的轉子是線性往復運動，和振盪浮子的運動相一致。因此，其運動速度要比傳動旋轉電機低兩個數量級，使得更容易和波浪的低頻相適應。

3.3 波浪能發電裝置分類

3.3.1 波浪能轉化裝置

目前已知的波浪能轉化裝置的結構形式、工作原理有多種，並在不斷增加中。每一種波浪能裝置都有其優、缺點。對於波浪能轉化裝置，一般有以下幾種分類法。

（1）按裝置固定方式

按裝置固定的方式來劃分，波浪能轉化裝置可以分爲固定式和漂浮式兩種。固定式裝置的主體結構被固定，不會隨波浪運動而運動；漂浮式裝置則漂浮在海面上，隨著波浪的運動而跟著一起運動。漂浮式裝置一般通過錨或重塊與海底錨接。

固定式還可以根據安裝地點劃分爲岸式和離岸式。岸式波浪能轉化裝置固定在海岸邊，其優點是便於維護管理以及進一步開展研究，便於電力輸送，當選址及裝置設計得當時，其工作效率一般較高。缺點在於海岸邊的波浪能能流密度往往比較小。

離岸式波浪能轉化裝置固定於海底，其優點是裝置周圍的波浪能能流密度較大，但其中一部分會繞射到裝置背後。缺點在於轉換效率較低，管理、輸電成本較高以及不利於開展進一步研究。

漂浮式波浪能轉化裝置通常在船廠建造，然後根據需要安放到合適的水域。所以，漂浮式裝置較固定式裝置的建造難度要小。但漂浮式裝置的缺點在於其工作效率一般低於固定式裝置，而且容易受到大風、大浪的威脅，其結構、錨泊系統以及輸電線路很容易遭到破壞，因此，其維護管理成本與裝置的結構、電力輸送的距離，以及錨泊系統的要求有關。

（2）按能量傳遞方式

按能量傳遞的方式來劃分，可分爲氣動式、液壓式和機械式三種。氣動式波浪能轉化裝置的其中一個轉化環節是通過氣體來傳遞能量。例如振盪水柱式波浪能裝置就是利用空氣將波浪的能量傳遞給空氣透平。液壓式波浪能轉化裝置的其中一個轉化環節是通過液體來傳遞能量。常見的液壓式波浪能裝置有點頭鴨式、浮子式和擺式。

（3）按裝置對波浪能能流影響的結果

按波浪能轉化裝置對波浪能能流影響的結果來劃分，可分爲消耗型和截止型兩種。消耗型裝置只吸收入射波能量的一部分，而背浪一側仍有繞射的波浪；截止型裝置將波浪擋在裝置迎浪的一側，背浪的一側幾乎沒有波浪。

（4）按吸取波浪能的結構形式

按裝置吸取波浪能的結構形式來劃分，常見的有振盪水柱式、點頭鴨式、浮子式、筏式、擺式和聚波水車式等形式。

3.3.2 波浪能發電裝置

發電裝置作爲電能轉換環節，對波浪能發電系統的性能至關重要。目前，波浪能發電系統中典型的幾類發電裝置包括：直線電磁發電機、壓電發電機及電活性聚合物發電機。其中，壓電發電技術和電活性聚合物發電技術是較新的二次轉換技術，特別是電活性聚合物發電機的研究方興未艾。

（1）直線電磁發電機

直線電磁發電機是直線驅動的電磁感應發電機，是目前波浪能發電中應用較多的發電裝置，通常用於浮標型發電系統。直線電磁發電機的原理同傳統的旋轉式發電機相同，基於法拉第電磁感應定律。直線電磁發電機主要分五類：永磁直線發電機、直線感應發電機、開關磁阻發電機、縱向磁通發電機和橫向磁通發電機。張露予等設計了工作在較低頻率的電磁式振動發電機，並進行諧振頻率分析。Henk Polinder 等提出了永磁直線發電機比感應發電機、開關磁阻發電機效率更高，並提出了一種新式雙側橫向磁通永磁發電機，適合浮標型波浪能裝置。永磁直線發電機是未來直線電磁發電機的發展方向。中國稀土資源豐富，稀土永磁材料優異的磁性能非常適合永磁直線發電機的研究發展，能夠使其結構更簡單、運行更爲可靠，更好地應用於波浪能發電。

（2）壓電發電機

壓電陶瓷是一種具有壓電效應的無機非金屬材料。壓電效應分爲正壓電效應和逆壓電效應。某些介質在力的作用下，產生形變，引起介質表面帶電，這是正壓電效應。反之，若施加激勵電場，介質將產生機械變形，稱逆壓電效應。壓電發電機正是利用了正壓電效應。因爲壓電陶瓷發電需要工作於高頻率振動，一般設計爲懸臂梁結構。Murray 和 Rasteger 設計了基於波浪能的壓電能量獲取裝置，該裝置通過浮漂系統和懸臂梁結構將低頻波浪振動轉化爲壓電系統高頻振動。謝濤等對多懸臂梁壓電振子頻率進行了分析，表明多懸臂梁可以有效地拓寬諧振頻帶，更好地與外界振動相匹配，從而提高壓電發電效率。壓電發電機需要工作於高頻率振動，而波浪能頻率低，如何設計裝置將低頻的波浪能轉化爲壓電系統所需的高頻振動是一大難點，制約著壓電式波浪能發電的進一步發展。

（3）電活性聚合物發電機

電活性聚合物（Electroactive Polymer，EAP）是一類高分子功能性材料，而介電彈性體（Dielectric Elastomer，DE）是其中性能最優的一種。從原理上，介電彈性體發電機（Dielectric Elastomer Generator，DEG）是一種具有「三明治」式三層結構的可變電容器，上、下兩側是柔性電極，中間是介電彈性體。在施加偏置電壓時，通過拉伸、收縮介電彈性體即可將施加的機械能轉化爲電能，發電循環如圖 3-6 所示。

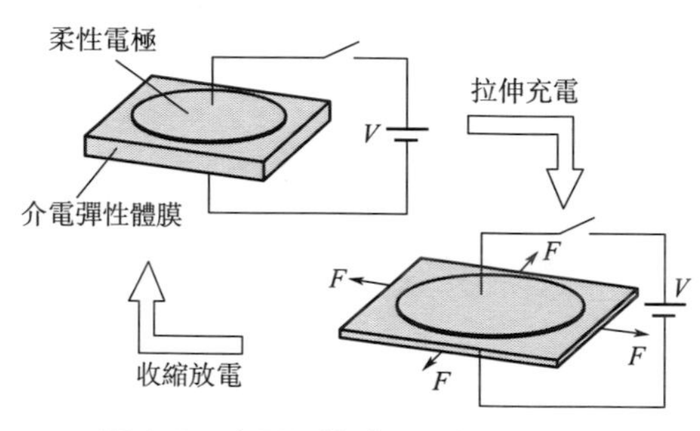

圖 3-6 介電彈性體發電機發電循環

介電彈性體具有質量密度低、能量密度高、變形大、機電耦合好、轉換效率高及價格低等突出特點，使其在能量收集領域具有廣闊的應用前景。相對於壓電陶瓷，介電彈性體發電機能在更寬的頻率範圍高效工作，特別適合於波浪能低頻率、大推力的場合。

3.4 典型波浪能發電裝置特點

3.4.1 點頭鴨式波浪能發電裝置

點頭鴨式發電裝置是 Salter 教授於 1974 年發明的，從外表上觀察點頭鴨式裝置像一個凸輪，可圍遶中心軸旋轉，中心軸的排布垂直於來波方向。

如圖 3-7 所示，波浪從左邊冲過來，左邊的波浪高，這樣在鴨嘴 5 和鴨肚 3 靠上的部分產生推動力，而右邊，即鴨尾 2 部分不受力，因此整個鴨體受力不平衡，將會繞回轉軸 4 產生順時針擺動。當波浪過去之後，鴨體在回復力矩作用下恢復原狀態。當波浪從右邊冲過來時，則鴨尾面受力，鴨體將會逆時針擺動。這樣，鴨體和回轉軸產生的相對運動，經過一系列的機構轉化後，將帶動花鍵泵轉動，花鍵泵泵出高壓液壓油，驅動液壓馬達旋轉，液壓馬達帶動發電機轉動，產生電能。

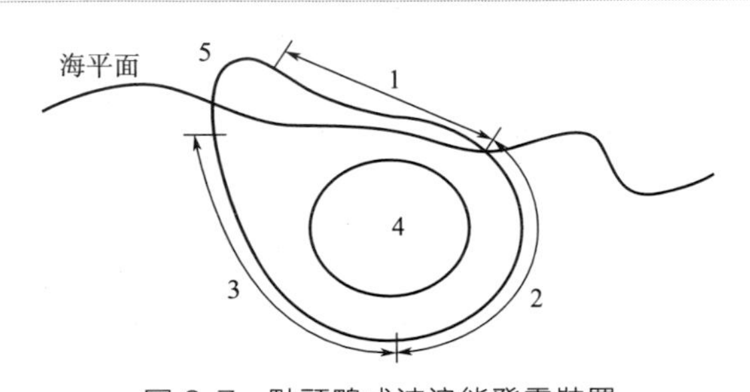

圖 3-7 點頭鴨式波浪能發電裝置
1—鴨背；2—鴨尾；3—鴨肚；4—回轉軸；5—鴨嘴

圖 3-8 所示是由中國科學院廣州能源研究所研發的一座 300W 鴨式波浪能轉換裝置。Salter 點頭鴨式波浪能發電裝置雖然是一種有效的波能轉換裝置，但是它也有明顯的缺點：一方面它結構複雜，又有許多部件暴露在海水中，易發生腐蝕卡死等現象，可靠性不高；另一方面，Salter 點頭鴨式波浪能發電裝置的長條形的浮式結構太脆弱，在風浪大的時候根本無法抵抗波浪的破壞力，抗浪性較差。

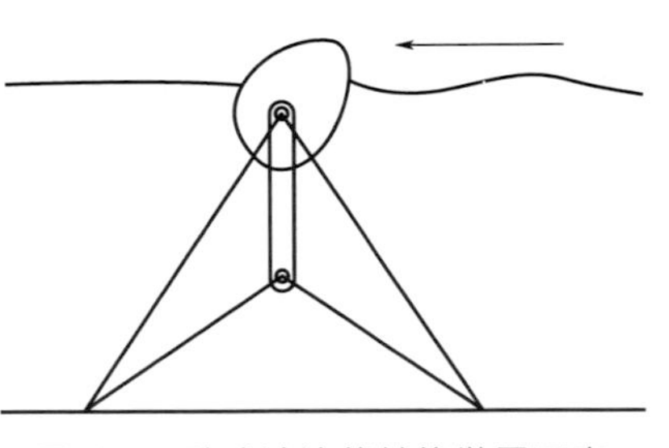

圖 3-8 鴨式波浪能轉換裝置示意

點頭鴨式波浪能發電裝置的外形是依照波浪力的大小在縱深方向上逐漸遞減的原理來進行設計的。根據不同的波浪情況，恰當地設計鴨式波浪能發電裝置的外形，可實現發電裝置能量轉化效率的最大化。根據經驗，鴨體圓筒部分直徑等於波浪波長的 1/8 時，可使能量轉化效率達到 80%～90%，在大規模安裝使用時，可將一連串的鴨體的回轉軸通過一個個撓性接頭連接在一起，這樣每個鴨體可單獨運動，並且結構簡單，安全性好，效率高，容易實現大規模布陣發電。

3.4.2 振盪水柱式波浪能發電裝置

振盪水柱式波浪能發電裝置（OWC）是最早出現的類型之一，如圖 3-9 和圖 3-10 所示，由於其結構形式，這種類型的波浪能發電裝置主要以近岸固定式爲主。其主要組成部分爲伸入水下的水泥混凝土結構或

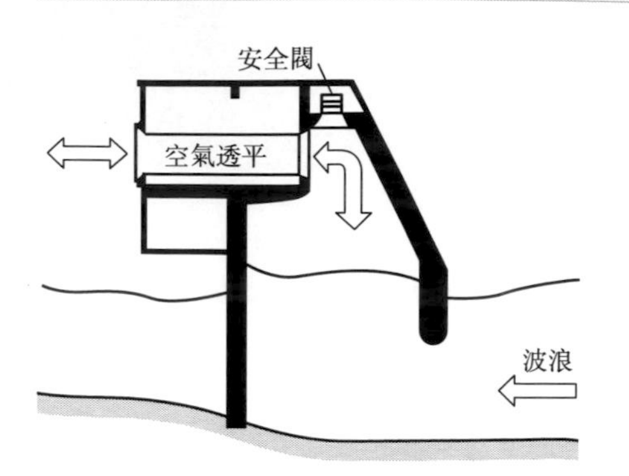

圖 3-9 OWC 波浪能發電裝置

圖 3-10 中國 100kW 振盪水柱式波浪能發電裝置

鋼結構水室，水室在迎浪面前端開口，水室上部爲連通的空氣室，空氣室出口處安裝有空氣透平。在波浪作用下，水室中的波面推動上部的空氣運動，進而產生驅動空氣透平轉動的氣流。早期的振盪水柱式波浪能發電裝置主要爲岸基固定式結構，主要建成的有 1985 年挪威、1990 年日本、1990 年印度、1999 年葡萄牙、2000 年蘇格蘭等。所有的二級能量轉換都是採用威爾斯空氣透平，水室的橫截面積在 80～250m^2，裝機功率在 60～500kW 之間。然而，振盪水柱式波浪能轉換裝置的經濟成本卻很高，主要表現在海工建築物上面，即混凝土水室的建造成本佔據了很重要的一部分。於是有的科學家就有了將建造成本和其他海工建築物相結合的想法，1990 年日本就成功建造了一座將 OWC 和海浪防波堤結合的波浪能電站。這樣的好處顯而易見：不僅實現了成本共享，而且對波浪能發電裝置的安裝和維修都帶來了方便。隨後歐洲的葡萄牙、西班牙和義大利也分別建立了這樣的綜合波浪能電站。隨著研究的發展和深海開發的需要，漂浮式振盪水柱的研究也開始出現。漂浮式波浪能轉換裝置如圖 3-11 和圖 3-12 所示。

振盪水柱式波浪能發電裝置利用汽輪機原理，由於振盪水柱式裝置與波浪隔離開來，避免了波浪對發電系統的衝擊與腐蝕作用，擁有較好的可靠性和穩定性，但一般而言，空氣透平轉換效率較低，因此裝置最好建在波浪較大的區域。

如圖 3-13 所示，在波峰狀態時，氣室內的水位上升，空氣被壓縮，壓力上升，當氣室內的壓力高於外界大氣壓時，空氣在壓力作用下從氣室口涌出，帶動雙向透平機旋轉，透平機帶動發電機轉動，產生電能。

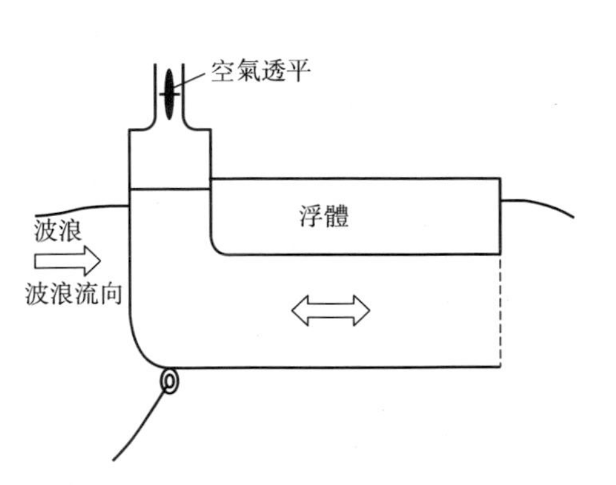

圖 3-11　BBDB 波浪能發電裝置

圖 3-12　Might Whale 波浪能發電裝置

如圖 3-14 所示，在波谷狀態時，氣室內的水位下降，氣室容積變大，壓力下降，當氣室內的壓力低於外界大氣壓時，外界空氣在壓力作用下從氣室口涌入，帶動透平機旋轉，透平機帶動發電機轉動，產生電能。

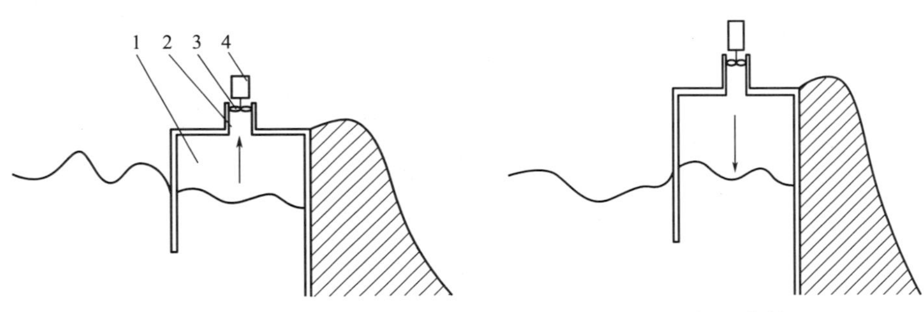

圖 3-13　振盪水柱原理示意（波峰）
1—氣室；2—氣室口；
3—雙向透平機；4—發電機

圖 3-14　振盪水柱原理示意（波谷）

由於波浪、波峰、波谷變化是非常没有規律的，通過波峰、波谷的作用轉換的空氣流是一種非常不穩定的振盪氣流，因此，振盪水柱式波浪能發電站對控制系統和電能轉換系統具有特殊的要求。而且該波浪能發電站的轉換效率低，經濟性很差，它在國外，特別是歐洲比較普及的原因在於國外海域波浪能密度大，對發電站的可靠性要求高，但是中國海域的波浪能密度普遍較低，没必要追求很高的可靠性，因此，此類波浪能發電站不適合在中國大力推廣。

3.4.3 筏式波浪能發電裝置

如圖 3-15 所示，三個波動筏體將隨著波浪上下運動，兩兩筏體之間的夾角是不斷變化的，從而產生相對運動。在筏體和筏體之間安裝液壓缸，液壓缸的缸筒和缸桿分別和兩個不同的筏體相連。兩閥體角度的相對差值使液壓缸的缸桿和缸筒產生相對運動，推動液壓缸內的液壓油運動，液壓油帶動液壓馬達（圖中未畫出）轉動，液壓馬達帶動和它相連的發電機轉動，產生電能。

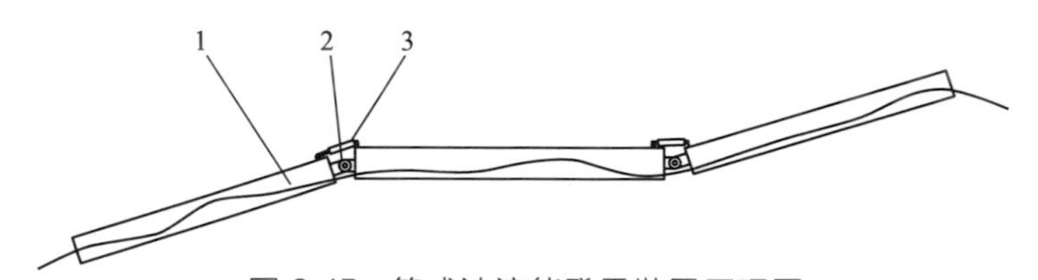

圖 3-15 筏式波浪能發電裝置原理圖

1—波動筏；2—鉸接裝置；3—液壓缸

這種發電裝置的效率可達 50%，而且結構簡單，製造成本低，安裝方便，可適應各種海況，維修方便，可靠性高，能夠經受大風大浪的襲擊。

1996 年建成的 McCabe Wave Pump（MWP）波浪能發電裝置（見圖 3-16）由三個鋼質矩形浮筒搆成，通過橫梁鉸連在一起，總長度 40m，具有自動朝向來波的功能。該裝置可驅動海水淡化系統獲得可飲用的純净水，或驅動發電機發電。

圖 3-16 MWP 波浪能發電裝置

消耗型筏式波浪能發電裝置的優點是具有較好的整體性，抗波浪衝擊能力較強，具有較好的能量傳遞效率，發電穩定性好，但其長度方向順浪布置，迎波面較小，與垂直於浪向的同等尺度的波浪能裝置比，筏式裝置吸收波浪能的能力較爲遜色，單位價值材料所獲取的能量較小，導致實體尺寸過大。

另外，這種裝置是靠波浪坡度的變化來工作的，它的問題是波浪的波長必須與浮筒長度匹配（海蛇）（見圖 3-17）或中間浮體正好位於波峰或波谷上（McCabe Wave Pump）。在波長很長的波浪中，波陡度很小，四個浮筒一起上下運動，就難以利用坡度變化來發電，對於小浪，每個浮筒受力差不多，也不能形成有效的角度變化。在帶負載時，由於液壓油的不可壓縮性，其關節部分會「僵硬」，關節處遇到波谷或波峰形成的角度時，海蛇往往不會彎曲，而是通過翻滾來逃避發電，只能把液壓降得低一些，而這又降低了輸出功率。還有一個就是應力集中的問題，每個圓筒長達幾十米，這樣會形成很大的彎矩，就不得不靠增加材料強度來提高抗風抗浪能力，增加成本。

圖 3-17　海蛇波浪場

2008 年 9 月在葡萄牙里斯本外海 5km 建設的世界第一座海蛇發電站，經過 3 年開發之後，運行幾個星期就問題不斷，目前已經宣布失敗。

3.4.4 振盪浮子式（點吸收裝置）波浪能發電裝置

振盪浮子式波浪能發電裝置在歐洲大陸擁有美譽，被稱爲第三代波浪能發電裝置。一般認爲，振盪浮子式波浪能發電裝置由單個或多個浮體組成，這些浮體漂浮於海面或懸浮於海水中或固定在海底，在波浪作用下浮體與海底或浮體間產生相對的振盪運動，從而轉換波浪能。它相對其他的波浪能發電裝置優勢明顯：由於點吸收裝置與波浪直接作用攝取能量，轉換效率較高，尤其適用於深水區域。振盪浮子式波浪能發電裝置多是布置在深水區域，並且是漂浮式結構，故其結構較振盪水柱式複雜。早期的振盪浮子式波浪能發電裝置多是單浮體式，即作爲一級能量轉換載體的浮子和海底或者海底固定物相連接，浮子隨海浪的相對運動驅動液壓或者氣動裝置來完成一級能量轉換。結構簡單，裝置造價較低，投放點不受約束，能夠適應潮汐現象。但是極端海洋氣候下，點吸收裝置難以生存，且常常需要錨固系統或浮子式發電船。因此，發展前景好的裝置是漂浮式的。

如圖 3-18 所示，基座 1 固定在海底，立柱 6 固定在基座上，齒條 5 固定在立柱上，它們都是固定不動的。浮體 2 和發電室 3 連成一體。發電室內有和齒輪 4 相連的發電機。工作時，浮體和發電室連成的整體隨著波浪上下運動，從而和固定的立柱產生相對運動，齒輪和齒條也會產生相對運動，這是能量的一次轉化，垂直方向的波浪能轉化爲機械能。齒輪帶動發電機轉動，動能轉化爲發電機的電能。這是能量的二次轉化，這種裝置齒輪齒條的壽命影響了其應用。

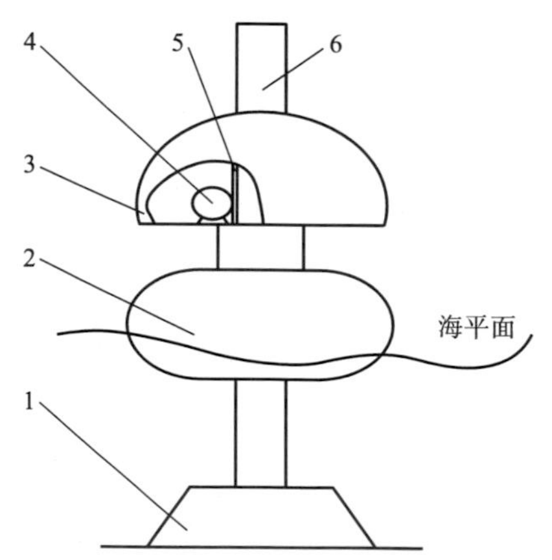

圖 3-18　振盪浮子式波浪能發電裝置原理

1—基座；2—浮體；3—發電室；4—齒輪（和發電機相連）；5—齒條；6—立柱

日本於 1980 年在東京灣對這種裝置進行的實驗，其浮子形狀爲楔形方體（1.8m×1.2m），二級能量介質採用液壓轉換，並且引用了蓄能器以緩和壓力衝擊。挪威於 1983 年也對一橢圓形球體的振盪浮子波浪能發電裝置進行了實海況實驗，並引入了相位控制系統，其二級能量轉換採用空氣透平結構，如圖 3-19 所示。值得注意的是有的振盪浮子式波浪能發電裝置的二級能量轉換系統直接採用線性永磁電機，這樣就節省了中間轉換系統，減少了損耗環節，使得發電效率得以提高。

圖 3-19 挪威振盪浮子

目前學者 Falnes 研究了多浮體之間的相對運動進行波浪能轉換的方式，這種漂浮振盪浮子式裝置使得安裝施工和維護更加方便，但浮體之間的相位控制更加複雜。瑞典 Interproject Service 公司的 IPS buoy 採用了兩浮體相互垂蕩運動驅動活塞以壓縮海水進行能量轉換。其組成包括漂浮於海面的振盪浮子，浮子下端連接一垂向圓管，圓管中間有活塞和液壓介質等。其中活塞和浮子剛性連接以形成和圓管外殼的相對運動。瑞典在 20 世紀 80 年代初期對這種裝置進行了海上試驗測試，如圖 3-20 所示。此外還有美國 2007 年在俄勒岡海岸建成的 Aqua Buoy，愛爾蘭的 1/4 實海模型 Wavebob 和 2008 年西班牙 40kW 的 Powerbuoy。

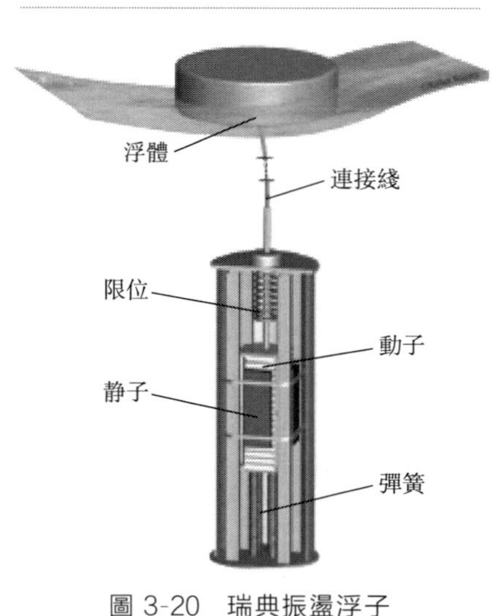

圖 3-20 瑞典振盪浮子

3.4.5 擺式波浪能發電裝置

擺式波浪能發電裝置利用波浪來搖動擺板，將波浪能轉換成擺板的機械能，通過液壓缸活塞桿等液壓部件最終轉換爲電能。

如圖 3-21 所示，波浪衝擊擺板圍繞擺軸發生前後擺動，將波浪能轉換爲擺軸的機械動能。與擺軸相連的大多爲液壓集成裝置，它將擺板的動能轉換成液壓能，進而帶動發電機發電。擺式波浪能發電裝置是一種固定式、直接與波浪接觸的發電裝置，擺體的運動很符合波浪低頻率、大推力的特點。因此，擺式波浪能裝置的轉換效率較高，但機械和液壓機構的維護不太方便。其主要代表性應用爲英國的 Oyster 擺式波浪能發電裝置。

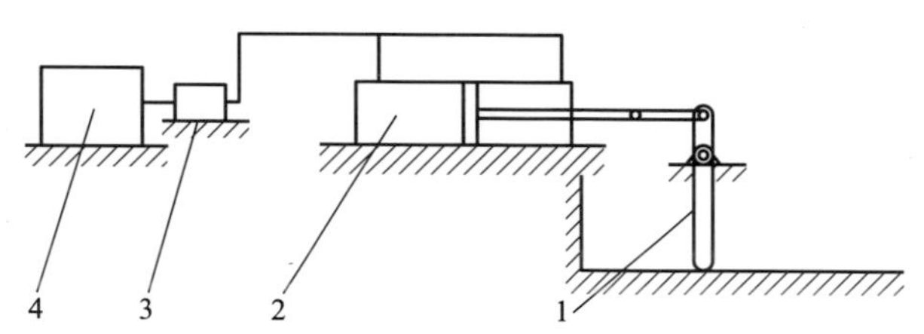

圖 3-21　擺式波浪能發電原理

1—擺板；2—液壓缸；3—液壓馬達；4—發電機

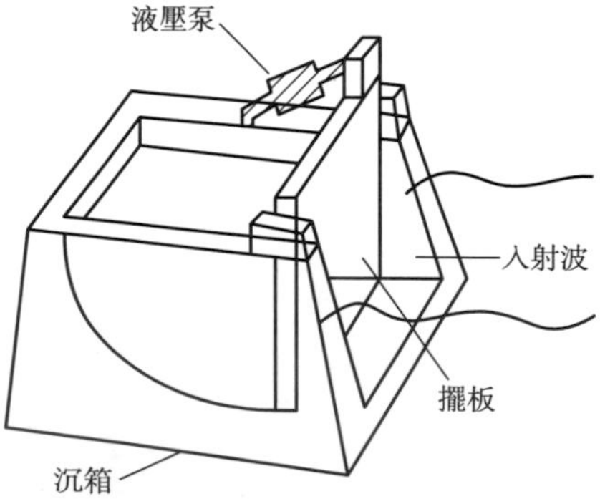

液壓泵

入射波

擺板

沉箱

圖 3-22　擺式波浪能發電裝置

擺式波浪能發電裝置通過鉸接擺板吸收波浪能，其中擺板的鉸接方式有底部鉸接式和頂部鉸接式，又可分別稱爲浮力擺和重力擺。擺板一端一般是通過液壓裝置轉換成壓力能，進而驅動液壓馬達，液壓馬達驅動發電機的模式進行的，如圖 3-22 所示。也有一部分裝置是轉換成氣壓能或其他機械能的形式。擺式波浪能發電裝置作爲一級波浪能吸收的概念提出已經很久，可是對其進行模型和海試的研究不是太多，其中早期以日本的研究最多。日本於 1983 年在室蘭港建造了一個擺式波浪能發電裝置，採用重力擺和岸基固定式結構（見圖 3-23）。系統主要包括前端迎浪開口的水室，此水室爲人工製造立波而用。在水室立波節點處放置一上端鉸支的擺板（Pendulor），此擺板裝置重約 2.5t，高 3.5m，寬約 2m。擺板上端連接液壓驅動裝置和發電裝置等。系統測試表明波浪能轉換效率可達約 35％。

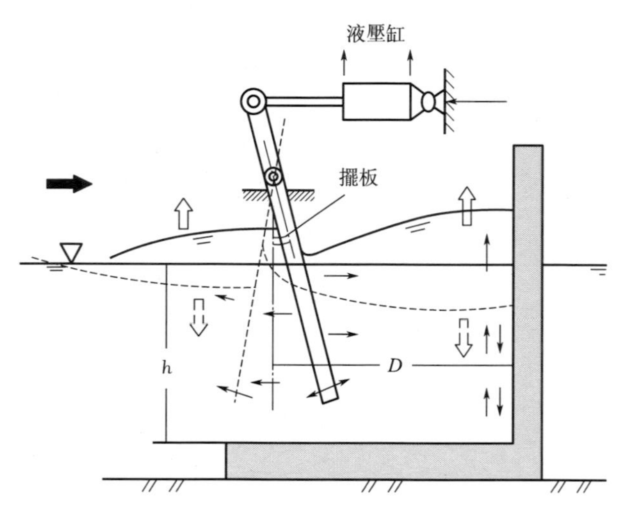

圖 3-23　室蘭工業大學擺式波浪能發電裝置

由葡萄牙 Eneolica 能源公司和芬蘭 AW 能源公司合資研發的 WaveRoller 波浪能發電裝置也是擺式裝置（見圖 3-24），和 Oyster 相似，其底部同樣鉸接海底固定基礎，通過吸收波浪的動能來完成能量的吸收轉換。所不同的是 WaveRoller 採用的液壓傳動，通過海底電纜輸送電能至岸上，即二級能量轉換不同。同時，WaveRoller 的陣列布置是多個擺式模型共用一個壓力管道和發電機，而 Oyster 是單個模型單個管道的方式。

圖 3-24　WaveRoller 擺式波浪能發電裝置

據報導，一個投資 650 萬歐元，長 43m，寬 18m，高 12m，總重量約 600t 的 WaveRoller 發電機已經於 2012 年 8 月份在佩尼什巴萊奧海域正式下水，目前已開始運行發電試驗。擺式波浪能發電裝置在中國的研究起步較晚，目前建成發電的爲國家海洋技術中心於 1996 年在山東即墨市大管島建成的 30kW 岸式重力擺式波浪能發電裝置，如圖 3-25 所示。

圖 3-25 山東大管島重力擺式波浪能發電裝置

3.4.6 聚波水庫式裝置

聚波水庫式裝置又稱爲收縮波道式，是利用喇叭形的收縮波道收集大範圍的波浪能，通過增加能量密度的方式提高發電效率。波道與海相通的一面開口寬，然後逐漸收縮並通至蓄水庫。收縮波道既可以聚能，又可以轉能，利用水頭的位能衝擊水輪發電機組進行發電（見圖 3-26）。聚波水庫裝置沒有活動部件，可靠性較好，成本低廉，裝置工作穩定，但是電站建造對地形有嚴格的要求，不易推廣。

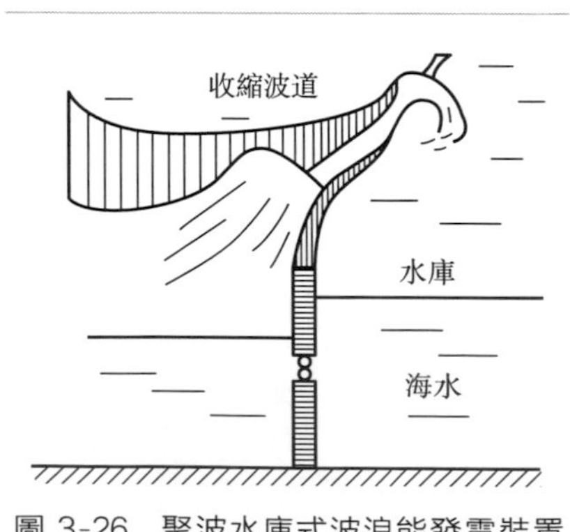

圖 3-26 聚波水庫式波浪能發電裝置

其主要代表應用爲丹麥浪龍公司（Wave Dragon）研發的越浪式波浪能發電裝置——浪龍（Wave Dragon），該裝置具有兩個導浪墻，呈扇形布置，引導海浪進入裝置中心，並通過低水頭水輪機發電。2003 年 20kW 型樣機（由 7 臺轉槳式水輪機組成，

蓄水池容量為 $55m^3$）浪龍（Wave Dragon）試驗實現了並網發電，累計運行 20000 多小時。2011 年開始，設計了寬 170m 的 1.5MW 型浪龍，主要採用鋼筋混凝土結構，2012 年開始製造。浪龍通過調整開放式氣室的氣壓，不斷調整自體的漂浮高度，從而適應不同波高的波浪，以實現最大的波浪能俘獲能力，如圖 3-27 所示。

圖 3-27　浪龍（Wave Dragon）試驗裝置

最早的聚波圍堰型波浪能發電裝置是挪威波能公司（Norwave A. S.）於 1986 年建造的一座裝機容量為 350kW 的聚波圍堰電站（見圖 3-28）。其圍堰波道開口約 60m 寬，經過呈喇叭形逐漸變窄的楔形導槽，逐漸收縮至高位水庫。高位水庫與外海間的水頭落差達 3.5m。電站於 1986 年建成，一直正常運行到 1991 年。不足之處是，電站對地形要求嚴格，不易推廣。

圖 3-28　挪威 350kW 聚波圍堰電站

3.5 中國已研發的波浪能發電裝置

中國的波浪能發電研究開始於 20 世紀 70 年代，80 年代以來取得了較快的發展。小型的岸式波浪能發電技術已經列入世界先進水平，航標燈所用的微型波浪能發電裝置已經趨於商品化，並在沿海海域的航標和大型燈船上廣泛推廣應用。與日本共同研發開發的後彎管型浮標發電設備已向國外出口，處於國際領先水平。1990 年，中國科學院廣州能源研究所在位於珠江口的萬山群島上研發出 3kW 岸基式的波浪發電站試發電成功；1996 年研發成功 20kW 岸式波浪試驗電站和 5kW 波浪發電船。隨後，在廣東汕尾研發成功 100kW 岸式波浪試驗電站。中國科學院廣州能源研究所在國家「863」以及中科院創新方向性項目的大力支持下，於 2005 年，在廣東的汕尾市完成了世界第一座獨立穩定波浪能發電站。2013 年 2 月中國科學院廣州能源研究所研發了一臺「鷹式一號」漂浮式波浪能發電裝置，在珠海市的大萬山島海域進行正式投放，並發電成功。此發電裝置有兩套不同的能量轉化系統，總裝機量爲 20kW，其中液壓發電系統和直驅電機系統的裝機量各爲 10kW，兩套系統都能成功發電。2013 年，哈爾濱工程大學船舶工程學院海洋可再生能源研究所牽頭設計的「海能-Ⅰ」號百千瓦級波浪能電站在浙江省岱山縣龜山水道成功運行。電站採用該校自主研發的總容量爲 300kW 的雙機組波浪能發電裝置和漂浮式立軸水輪機波浪能發電技術，發電容量國際最大，是中國首座漂浮式立軸波浪能示範電站。這也標誌著中國波浪能發電技術邁向一個新的層次。

總之，雖然中國波浪能發電研究起步較晚，但在未來的幾十年內，隨著國家海洋能專項資金的支持和重點研發計劃的支持，此項研究也將會領先於世界先進水平。

3.5.1 漂浮式液壓波浪能發電站

漂浮式液壓波浪能發電站是一種振盪浮子式裝置，總體方案如圖 3-29 所示，主要由頂蓋、主浮筒、浮體、導向柱、發電室、調節艙、底架等部分組成。浮體 3 在波浪的作用下沿導向柱 4 做上下運動，並帶動液壓缸產生高壓油，高壓油驅動液壓馬達旋轉，帶動發電機發電。

底架主要對主浮筒起到水力約束的作用，在波浪經過時，保持主浮筒基本不產生任何運動。而浮體則在波浪的作用下沿導向柱做往復運動。液壓缸與主浮筒連接在一起，活塞桿與浮體的龍門架連接在一起，浮體與主浮筒的相對運動轉變爲活塞桿與液壓缸的相對運動，從而輸出液壓能。發電室用於放置液壓和發電系統。調節艙用於調節主體平衡位置，通過向調節艙中注水、沙，可以降低主體的位置，增加被淹没的高度，最終使浮體處於導向柱的中間位置處。由於系統的浮力大於其所受的重力，整體處於漂浮狀態，潮漲潮落時，波浪能發電站能夠隨液面高度的變化而變化。

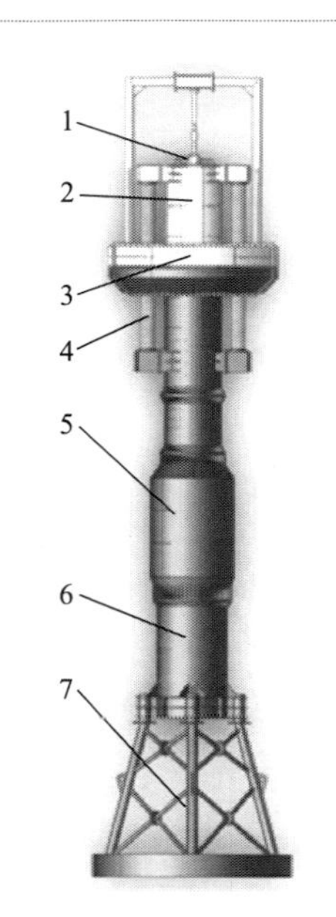

圖 3-29 漂浮式液壓波浪能發電站總體方案

1—頂蓋；2—主浮筒；3—浮體；4—導向柱；5—發電室；6—調節艙；7—底架

各模塊的具體功能如下。

① 頂蓋與主浮筒連接　頂蓋上開有可供液壓缸伸出的孔、維修人員進出的人孔和通氣孔。爲防止海水進入主浮筒，頂蓋上的通氣孔設置了倒 U 形彎管，並在頭部錐形上開有多個小孔。

② 主浮筒上端與頂蓋相連，下端與發電室相連　主浮筒在提供浮力的同時，固定了液壓缸和導向裝置。在裝置正常工作時，主浮筒上端有部分露出水面。

③ 浮體與液壓缸的活塞桿連接，液壓缸與主浮筒連接　浮體在波浪的作用下沿著導向柱做往復運動，從而將所採集到的波浪能轉換爲液壓能。

④ 導向柱連接在主浮筒上　導向柱保證了浮體的運動軌跡，減少了浮體對主浮筒的磨損和衝擊。導向柱採用可以水潤滑的減摩材料，減少了浮體運動的阻力，提高了吸收波浪能的效率。

⑤ 發電室上端與主浮筒連接，下端與調節艙連接　發電室用於放置液壓系統和發電系統，同時也爲裝置提供了較大的浮力。

⑥ 調節艙上端與發電室相連，下端與底架相連　調節艙主要用於在實際投放時，調節主浮筒的平衡位置。在初始狀態時，調節艙裏是常壓

空氣，在實際投放時，若平衡位置高於預定的位置，則可以通過向調節艙中注水來降低主浮筒露出海面的高度。

⑦ 底架上端與調節艙連接，下端與錨鏈連接　底架上的平板能夠起到水力約束的作用，在波浪經過時，能夠減少主浮筒的運動幅度。桁架的作用是降低平板的高度，使得平板所處水域的運動更加平緩。

3.5.2 橫軸轉子水輪機波浪能發電裝置

橫軸轉子水輪機波浪能發電裝置屬於聚波水庫式裝置（見圖 3-30），通過設計雙擊式轉子的進出流道，組成一個封閉的水體，裝置在入射波浪靜壓力的作用下，流道內的水體做往返運動，從而推動流道中的轉子做單向旋轉運動（見圖 3-31）。裝置的特點是將波浪能採集系統和波浪能轉換系統分開，由採集系統實現寬頻帶波浪能俘獲，此環節實現了振幅的最大化。然後，再由波浪能轉換環節的相位控制實現波浪能轉化的最大化。圖 3-32 爲轉子葉片焊接於兩側輪轂上的安裝過程。圖 3-33 爲扭矩傳感器的布置位置，雙擊式轉子與扭矩傳感器同軸，並通過同步帶帶動發電機發電，同步帶的轉速比爲 3.5：1。圖 3-34 爲波浪能俘獲裝置安裝於水槽中的總體布置圖，圖中發電機和速度傳感器安裝於水面之上，通過同步帶與轉子軸相連，扭矩傳感器與轉子同軸，安裝於水面之下。

圖 3-30　橫軸轉子水輪機波浪能發電裝置模型流道

圖 3-31　橫軸轉子水輪機波浪能發電裝置轉子模型

圖 3-32　轉子葉片安裝過程

圖 3-33　扭矩傳感器的布置位置

圖 3-34 波浪能捕獲裝置總體布置圖

圖 3-35 爲橫軸轉子波浪能發電裝置（以下簡稱「裝置」）流道輪廓圖，圖中 A 爲入口流道，B 爲橫軸轉子，C 爲出口流道，流道中水體在外部波浪激勵下的動態變化過程可以用彈簧來類比。流道中的水體可以類比彈簧的質量，彈簧模型的恢復力爲水體所受的重力。水體的動量爲水體質量和水體速度的乘積。如圖 3-35 所示，採用 10 個斷面將水體劃分爲 9 個水體單位，第 i 個斷面、第 $i+1$ 個斷面和流道內壁所組成的單位水體爲第 i 個單位體，單位體沿水流方向的距離定義爲 Δx_i，第 i 個斷面的水流速度定義爲 v_i，第 i 個斷面的過水面積爲 A_i，假設水體不可壓縮，即密度不變，設第 i 個單位體水體的質量爲 m_i，則

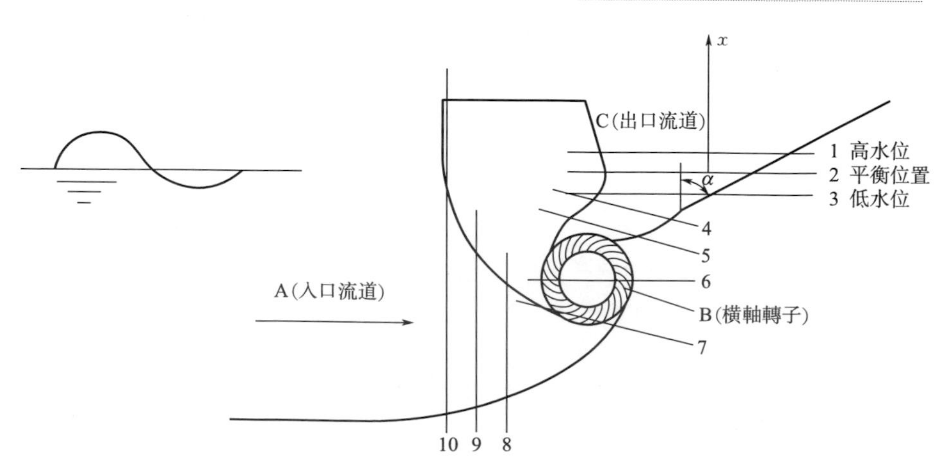

圖 3-35 橫軸轉子波浪能發電裝置流道輪廓圖

$$m_i=\rho\frac{A_i+A_{i+1}}{2}\Delta x_i \tag{3-1}$$

設第 i 個單位體的速度為

$$v_i=\dot{x}_i$$

則第 i 個單位體的動量為

$$M_i=m_i\frac{v_i+v_{i+1}}{2}=\rho\frac{A_i+A_{i+1}}{2}\Delta x_i\frac{v_i+v_{i+1}}{2} \tag{3-2}$$

由不可壓縮流體的連續性方程，可知

$$A_iv_i=A_{i+1}v_{i+1}$$

可以得出

$$A_iv_i=A_1v_1 \tag{3-3}$$

所以，式(3-2) 變為

$$M_i=\frac{\rho\Delta x_i}{4}\left(2+\frac{A_i}{A_{i+1}}+\frac{A_{i+1}}{A_i}\right)A_1v_1 \tag{3-4}$$

水面與平衡位置的距離為 x，後出口面板的傾斜角度設為 α（見圖 3-35），裝置垂直於紙面的寬度為 B，則斷面 1 的面積可近似取為

$$A_1=A_2+B\tan\alpha x \tag{3-5}$$

整個水體的動量由兩部分組成，斷面和水體的長度不隨時間變化的部分

$$\begin{aligned}\sum_{i=2}^{n-1}M_i&=\sum_{i=2}^{n-1}\left[\frac{\rho\Delta x_i}{4}\left(2+\frac{A_i}{A_{i+1}}+\frac{A_{i+1}}{A_i}\right)A_1v_1\right]\\&=A_1v_1\sum_{i=2}^{n-1}\left[\frac{\rho\Delta x_i}{4}\left(2+\frac{A_i}{A_{i+1}}+\frac{A_{i+1}}{A_i}\right)\right]\end{aligned} \tag{3-6}$$

令 $L=\sum_{i=2}^{n-1}\left[\frac{\Delta x_i}{4}\left(2+\frac{A_i}{A_{i+1}}+\frac{A_{i+1}}{A_i}\right)\right]$，流道形狀固定後，$L$ 是一個常數。因為 $\frac{A_i}{A_{i+1}}+\frac{A_{i+1}}{A_i}\geqslant 2$，所以 $L\geqslant\sum_{i=2}^{n-1}\Delta x_i$，$L$ 值比流道斷面 $A_i=\mathrm{const}$ 的情況要大。

式(3-6) 變為

$$\sum_{i=2}^{n-1}M_i=\rho LA_1v_1=\rho LA_1\dot{x} \tag{3-7}$$

式中，$v_1=\dot{x}$。將式(3-5) 代入式(3-7)，得

$$\sum_{i=2}^{n-1}M_i=\rho LA_1v_1=\rho L(A_2+B\tan\alpha x)\dot{x}=\rho LA_2\dot{x}+\rho LB\tan\alpha x\dot{x} \tag{3-8}$$

斷面和水體的縱向長度隨時間變化的部分爲

$$M_1=\frac{\rho x}{4}\left(2+\frac{A_1}{A_2}+\frac{A_2}{A_1}\right)A_1 v_1$$

整理，得

$$M_1=\frac{\rho x}{4}\left(2A_1+\frac{A_1^2}{A_2}+A_2\right)v_1=\frac{\rho}{2}A_1 x\dot{x}+\frac{\rho}{4}\times\frac{A_1^2}{A_2}x\dot{x}+\frac{\rho}{4}A_2 x\dot{x} \tag{3-9}$$

將式(3-5) 代入式(3-9)，得

$$\begin{aligned}M_1&=\frac{\rho}{2}(A_2+B\tan\alpha x)x\dot{x}+\frac{\rho}{4}\times\frac{(A_2+B\tan\alpha x)^2}{A_2}x\dot{x}+\frac{\rho}{4}A_2 x\dot{x}\\&=\rho A_2 x\dot{x}+\rho B\tan\alpha x^2\dot{x}+\frac{\rho}{4}\times\frac{B^2}{A_2}\tan^2\alpha x^3\dot{x}\end{aligned} \tag{3-10}$$

式(3-8) 和式(3-10) 合併，得

$$M=\sum_{i=1}^{n-1}M_i=\rho LA_2\dot{x}+(\rho LB\tan\alpha+\rho A_2)x\dot{x}+\rho B\tan\alpha x^2\dot{x}+\frac{\rho}{4}\times\frac{B^2}{A_2}\tan^2\alpha x^3\dot{x} \tag{3-11}$$

令

$$C_0=LA_2 \tag{3-12a}$$

$$C_1=LB\tan\alpha+A_2 \tag{3-12b}$$

$$C_2=B\tan\alpha \tag{3-12c}$$

$$C_3=\frac{1}{4}\times\frac{B^2}{A_2}\tan^2\alpha \tag{3-12d}$$

式(3-11) 可以寫爲

$$M=\sum_{i=1}^{n-1}M_i=\rho\dot{x}\sum_{i=1}^{4}C_{i-1}x^{i-1} \tag{3-13}$$

式(3-13) 對時間求導，得

$$\dot{M}=\rho\ddot{x}\sum_{i=1}^{4}C_{i-1}x^{i-1}+\rho\dot{x}^2\sum_{i=2}^{4}(i-1)C_{i-1}x^{i-2} \tag{3-14}$$

根據牛頓第二定律，不考慮水體的黏性損失，水體動量隨時間的變化等於回復力，等於整個水體作用在平衡位置的重力差，即

$$F_g=-\rho g\frac{A_1+A_2}{2}x \tag{3-15}$$

動量方程爲 $\dot{M}=F_g$，即

$$\ddot{x}\sum_{i=1}^{4}C_{i-1}x^{i-1}+\dot{x}^{2}\sum_{i=2}^{4}(i-1)C_{i-1}x^{i-2}+gA_{2}x+g\frac{B}{2}\tan\alpha x^{2}=0 \tag{3-16}$$

式(3-16）是將流體當作理想流體的情況。

與機械振盪系統對比

$$m\ddot{x}+Sx=0 \tag{3-17}$$

其中，$m=\sum_{i=1}^{4}C_{i-1}x^{i-1}$，$S=gA_{2}$。

當 x 取某一個固定值時，不考慮非線性的影響，式(3-17）可以寫爲

$$\dot{x}\sum_{i=1}^{4}C_{i-1}x^{i-1}+gA_{2}x=0 \tag{3-18}$$

水體振盪的自然主頻率爲

$$\omega_{0}=\sqrt{\frac{gA_{2}}{\sum_{i=1}^{4}C_{i-1}x^{i-1}}} \tag{3-19}$$

從式(3-19）可以看出，ω_0 的值與 x 和係數 C_i 有關，而從式(3-12）可以知道，係數 C_i 的式子中只有 α 是可以變化的，而其他量都是不變的。所以，ω_0 是 x 和 α 的函數，即

$$\omega_{0}=f(x,\alpha) \tag{3-20}$$

設計波浪能捕獲系統的目標是盡量增大流道內的水位振幅 x，所以 x 是設計的目標值，是控制輸出量。所以，在 A_2、L、B 已經固定的情況下，只有 α 是可以改變的量，是輸入設計變量。

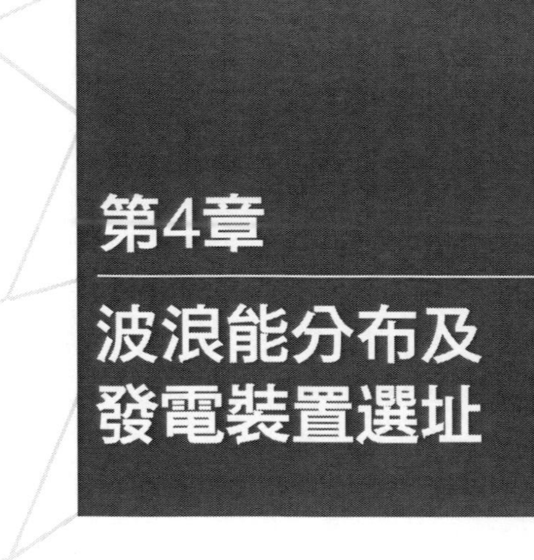

第4章

波浪能分布及發電裝置選址

4.1 全球波浪能分布

4.1.1 全球海洋的波浪特徵

風浪的分布因地而異。南半球和北半球 40°～60°緯度間的風力最強，風大的海區波浪也大。隨著季節的變化，風浪也有相應的季節變化。太平洋、大西洋和印度洋由於具體條件不同，風浪分布也有較大差異。

總體而言，太平洋夏季風浪小、冬季風浪大，中、高緯度海區的大浪頻率比低緯度海區大。太平洋地區平均有效波高空間分布呈現出顯著的南強北弱、中間低的馬鞍形分布特徵。具體來講，在 40°S 以南的區域，平均有效波高大於 3.2m，最大值達到 4.2m；40°N 以北的區域，平均有效波高小於 3.2m；赤道附近的平均有效波高最小，都小於 2.2m。

南、北太平洋的有效波高的差異是由於南北半球海陸分布差異和南北太平洋風速分布不同造成的。相對北半球而言，南半球，尤其是整個南大洋常年維持高風速且變化幅度較小，一般在 3.0m/s 以下。在南半球 40°～60°S 之間幾乎全爲遼闊的海洋，終年維持大風、大浪的高海況，而地處同緯度的北半球卻多爲陸地阻隔。

在太平洋北部，夏季風浪較少，尤其在菲律賓群島和蘇拉威西海之間的海域，大浪出現頻率低於 5%。北部大風浪的頻率在 10%以上，阿留申群島附近可達 20%。從秋季開始，風浪逐漸增大，到次年 2 月達到最大，特別是北部海域，冬季以強風著稱，大風可影響到中、低位地區，大浪區往南可擴展到 30°N 附近。在日本以東的太平洋西北部洋面上，經常有大浪出現，頻率在 40%以上。在南太平洋西北部地區，南部波高大而北部波高小。最大值出現在該地區東南部 28°S、165°W 附近，達 2.8m；最小值出現在 15°～20°S，僅 1.4m。在主要的島群之間，海浪從南部向北部逐漸擴散。

大西洋上的風系與太平洋基本相同，所以大西洋的風浪分布與太平洋相似。夏季，加拿大紐芬蘭淺灘以北的大浪頻率爲 10%～20%，以南海域很少有大浪出現。冬季，北大西洋經常有風暴和大浪出現，次數比同期的太平洋北部更爲頻繁，格陵蘭、紐芬蘭以及北歐近海，大浪頻率可達 50%～60%。大西洋歐洲近海和沿岸（英國、愛爾蘭、法國、西班牙、葡萄牙和摩洛哥），是全球海洋波浪最大的地區之一。

印度洋上的風系與太平洋和大西洋不同，所以印度洋的風浪狀況與太平洋、大西洋的風浪狀況差異較大。在印度洋北部，7～8 月份是西南季風最盛行，常有狂風暴雨和巨浪出現。在阿拉伯海，季風的平均速度可達 16m/s，大浪頻率高達 74％，是世界大洋中大浪頻率最高的海區。秋季，由於東南季風逐漸減弱，並轉換成東北季風，直到冬季，海面都比較平靜。印度洋南部，夏季大浪的出現頻率比冬季多，這也是與太平洋和大西洋不同的地方。

各大洋的風速及有效波高的年變化如表 4-1 和表 4-2 所示。

表 4-1　世界大洋季平均海面風速的年變化

海區	北太平洋	南太平洋	北大西洋	南大西洋	北印度洋	南印度洋
最大值/(m/s) (出現季節)	13.4 (冬)	14.0 (夏)	14.3 (夏)	13.0 (夏)	13.3 (夏)	14.2 (夏)
最大值/(m/s) (出現季節)	8.9 (夏)	11.2 (冬)	9.1 (夏)	11.1 (冬)	4.8 (春)	12.4 (冬)
變化幅度/(m/s) (百分比/%)	4.5(33.6)	2.8(20.0)	5.2(36.4)	1.9(14.6)	8.5(63.9)	1.8(12.7)

表 4-2　世界大洋季平均有效波高的年變化

海區	北太平洋	南太平洋	北大西洋	南大西洋	北印度洋	南印度洋
最大值/(m/s) (出現季節)	5.1 (冬)	4.8 (夏)	6.5 (夏)	4.5 (夏)	3.8 (夏)	6.1 (夏)
最大值/(m/s) (出現季節)	2.5 (夏)	4.1 (冬)	2.6 (夏)	3.7 (冬)	1.6 (冬)	4.2 (冬)
變化幅度/(m/s) (百分比/%)	2.6(51.0)	0.7(14.6)	3.9(60.0)	0.8(17.8)	2.2(57.9)	1.9(31.1)

4.1.2 全球海洋的波浪能資源儲量

早在 20 世紀 70 年代，人們就已利用有限的大洋船舶報資料和浮標資料，計算和評估全球海洋沿岸波浪能資源的分布。根據可再生能源中心（Centre for Renewable Energy Sources，CRES）收集到的全球海浪觀測資料可知，全球波浪能流密度的大值區（≥30kW/m）主要集中在北大西洋東北部海域、太平洋東北部北美西海岸、澳大利亞南部沿岸及南美洲智利和南非的西部沿岸。但是波浪觀測獲取的資料較少，無法實現大範圍海域、精細化的波浪能資源評估，也不能很好地爲宏觀選址提供指導。

計算出全球海洋的波浪能資源儲量，可爲波浪能資源開發提供定量的科學依據。全球海洋波浪能理論功率的計算結果差別較大，相差高達五個數量級。原因是各國不同學者計算的對象不同，有全球海洋波浪能總儲量、總功率、可再生功率等幾種。現計算全球海域單位面積的波浪能儲量，其具體計算方法如下：

波浪能資源總儲量＝年平均波浪能流密度×全年小時數。其中，全年小時數 365×24＝8760h。

全球海域蘊藏著豐富的波浪能資源，其儲量相當可觀。總儲量的高值區位於南北半球西風帶海域，南半球西風帶海域波浪能資源的總儲量基本都在 50×10^4 kW/(h・m) 左右，北半球西風帶海域基本在（30～50)$\times10^4$ kW/(h・m)，其中低緯海域在（5～30)$\times10^4$ kW/(h・m)，僅部分零星海域的波浪能總儲量在 5×10^4 kW/(h・m) 以下。

4.2 中國沿海波浪能分布

4.2.1 中國沿海氣候

中國海域遼闊，南北縱跨熱帶、亞熱帶和溫帶三個大氣候帶。海岸帶氣溫地理分布的總趨勢是南高北低。年平均氣溫分布爲：渤海、黃海沿岸爲 9～15℃，東海沿岸爲 15～20℃，南海沿岸爲 20～25℃，南北溫差約 15℃。降水量的分布是北少南多。年平均降水量大致以蘇北至黃河口爲界，其北小於 1000mm，其南大於 1000mm。降水主要集中在夏季，渤海、黃海沿岸降水量爲全年的 50%～70%，東海和黃海沿岸 4～9 月份的降水量分別占全年的 70%和 80%。

中國海岸帶位於亞洲東南季風氣候帶，沿岸平均風速既因地而異，又隨季節變化。風速等值線分布明顯地呈沿海岸線走向的趨勢，風速從海洋向內陸遞減。一般而言，年平均風速以東海沿岸最大，南海沿岸最小。平均風速的季節變化是：冬季最大，秋季次之，夏季最小。最大風速以渤海東部近岸島嶼和海峽地區、黃河北部沿岸和山東半島東端等岸段最大，多年最大風速均可達 40m/s。

中國沿岸每年都有颱風、寒潮、溫帶氣旋等災害性天氣發生。颱風來襲時，常伴有狂風、暴雨、巨浪和高潮、洪澇等災害。寒潮過境則引起劇烈降溫、霜凍和大風等天氣。其中，颱風災害對海洋資源開發工程的影響最爲重要。此外，在渤海和北黃海的部分水域，冬季由於氣溫降低以及寒潮作用，海水會出現不同程度的結冰。冬季沿岸海水結冰不利於海洋資源開發，降低了開發利用的價值。

4.2.2 波浪能分布

(1) 中國沿海波浪能資源區域

中國海岸線長，沿海大小島嶼有 5000 多個，不少沿海海區風浪很發達，波浪能的能級很高。以年平均波高爲指標，對中國沿海波浪能資源區域進行劃分，如表 4-3 所示。

表 4-3 中國沿海波浪能資源區劃分（$H_{1/10}$ 爲 1/10 大波波高，單位：m）

省區＼分區	一類區 $H_{1/10} \geqslant 0.4$	二類區 $0.7 \leqslant H_{1/10} < 1.4$	三類區 $0.4 \leqslant H_{1/10} < 0.7$	四類區 $H_{1/10} < 0.4$	波功率/MW
遼寧			大鹿島、止錨灣、老虎灘區段	小長山、鲅魚圈區段	255.07
河北			秦皇島、塘沽區段		143.64
山東		北隍城*、千裏岩區段*	龍口、小麥島、石臼所區段	成山頭、石島區段	1609.78
江蘇			連雲港(東西連島)附近	吕泗區段	291.25
上海市		佘山、引水船區段*			164.83
浙江	大陳區段	嵊山*、南麂區段*			2053.40
福建	臺山、北礵*、海壇區段	流會、崇武、平海、圍頭區段	東山區段		1659.67
臺灣	周圍各段				4291.29
廣東	遮浪區段	雲澳*、表角*、荷包、博賀、硇洲區段	下川島(南澳灣)附近、雷州半島西岸		1739.50
廣西			潿洲、白龍尾區段	北海區段	72.02
海南	西沙(永興島)附近*	銅鼓咀、鶯歌海*、東方區段	玉包、榆林區段		562.77
全國					12843.22

注：*爲開發條件較好的區段。

對表4-3分析可知，東海沿岸全部爲一、二類資源區，南海的廣東省東西部沿岸，海南省海南島西部、東北部沿岸爲二類資源區，黃海、渤海的渤海海峽和千裏岩沿岸爲二類資源區，其他地區爲三、四類資源區。另外需指出的是，臺灣因缺少沿岸的波浪資料，其波浪能理論平均功率是利用臺灣島周圍海域的船舶報波浪資料，折算爲岸邊數值後計算而得，未經岸邊實測資料檢驗。因此，以上結果只能作爲其估值而參考。

（2）中國沿岸的波浪能流密度

全國沿岸的波浪能流密度（波浪在單位的時間通過單波峰的能量，單位爲kW/m）分布很不均勻，以浙江中部、福建海壇島以北、渤海海峽爲最高，達5.11～7.73kW/m，這些海區是中國沿岸波浪能能流密度較高、資源蘊藏量最豐富的海域。其次是西沙4.05kW/m，浙江南部和北部2.76～2.82kW/m，福建南部2.25～2.48kW/m，山東半島南岸2.23kW/m。其他地區波浪能能流密度較低，均在1.50kW/m以下，資源蘊藏量較少。此外，深海波能儲量明顯大於近海及近岸海域，但深海波能利用難度較大。總體上，中國沿岸的波浪能能流密度在世界上屬中下等。

中國沿岸各地波浪能資源分布見圖4-1。

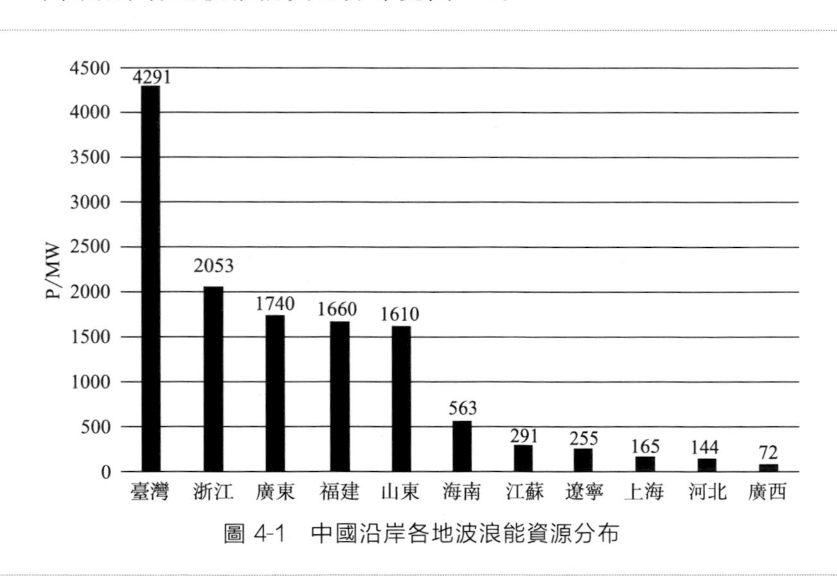

圖4-1　中國沿岸各地波浪能資源分布

綜上所述，中國沿岸波浪能資源分布和變化的一般特徵。

① 地理分布總趨勢，東海沿岸爲北部大南部小；南海沿岸東部大西部小，南海諸島北部大南部小。全國沿岸以福建北部和浙江沿岸最大，其次是南海諸島北部島嶼和渤海海峽及山東半島南部沿岸島嶼。

② 各地區島嶼附近的波浪能一般比大陸沿岸大。

③ 全國沿岸的波浪能功率，一般有明顯的季節變化，秋冬季偏大，春夏季偏小。島嶼附近的這種季節變化更爲顯著，大陸沿岸的變化較小。

4.3 波浪能發電裝置選址

4.3.1 選址特點

波浪能發電裝置的高效運行不僅取決於裝置自身的能量轉換效率，而且敏感地依賴於選址。海上選址作爲開發新型波浪能發電裝置的必經階段和重要環節，越來越受到人們的重視。波浪能發電基本上無污染，用它取代碳水化合物燃料將有益於環境。

如果在某一段沿海大規模發展波浪能發電站，提取的能量則會過多，從而影響到沉積物和海床底沙的轉移。此外，海水的混合、層化和濁度等也可能會受到影響。另外，不合理的選址還會影響到海域景觀。

顯然，波浪能發電裝置的海上選址涉及利益相關者多，牽扯到的各因素之間的關係較爲複雜，而且直接影響裝置運行的效率和安全，因此科學合理的選擇波浪能發電裝置的投放地點具有重要意義。理想的波浪能發電裝置選址應具備以下條件。

（1）海況條件：平均波高大，離散程度小

波浪能密度與波高的平方成正比，而發電裝置單位裝機容量的尺寸和造價與波高的平方成反比，所以，平均波高大是波浪能發電站的首選條件。此外，還要注意到波高分布的離散程度，以及波高極值。離散程度越小，波浪能轉換率越高，越有利於發電。但是，在風暴期間波浪能發電裝置必須關閉，避免災害性天氣的破壞，而極值波高卻是決定發電裝置投資成本的重要因素。

（2）海域條件：海域開闊，周圍無島礁遮擋

爲使發電裝置能夠吸收來自各個方向的波浪能量，波浪能發電站應該選址在海域開闊，周圍無島礁遮擋的地方。此外，選址最好爲海洋開發的非熱點區域，交通航運、漁業捕撈等活動相對較少。

（3）良好的社會經濟條件

波浪能發電站選址附近或腹地應有相應的電力需求和相關的配套設

施，便於裝置的安裝施工及運行。如附近居民的生活生產、海洋開發或者科學實驗以及國防建設等對電力的需求，便於接入電網系統。同時，擁有一定的交通條件，有較好的經濟社會發展潛力等。

(4) 良好的生態環境

在開發波浪能的同時，要注意保護當地的生態環境系統，盡量減少對生物資源的危害。在能量密度大的環境中建造波浪能發電站是可取的。因爲波浪能發電站提取了一些能量，從而使當地的海洋環境更適合各種生物種群生存。此外，要符合海域使用管理條例和國家環保政策等要求。

以上因素只是實際的海址選擇所考慮的部分必要因素，由於海上選址的複雜性，及其在各方面存在著不可知因素，使得發電裝置的海上選址具有一定的難度。此外，對於不同類型的裝置，如工作水深、設計工藝和施工條件等的不同，海上選址所考慮的主要影響因素也會有所不同。

4.3.2 選址實例

本研究選取的工程實例爲一種新型振盪浮子式波浪能發電裝置，單機設計發電功率爲16kW，裝置主體結構爲邊長爲6m的正方體鋼框架，見圖4-2。

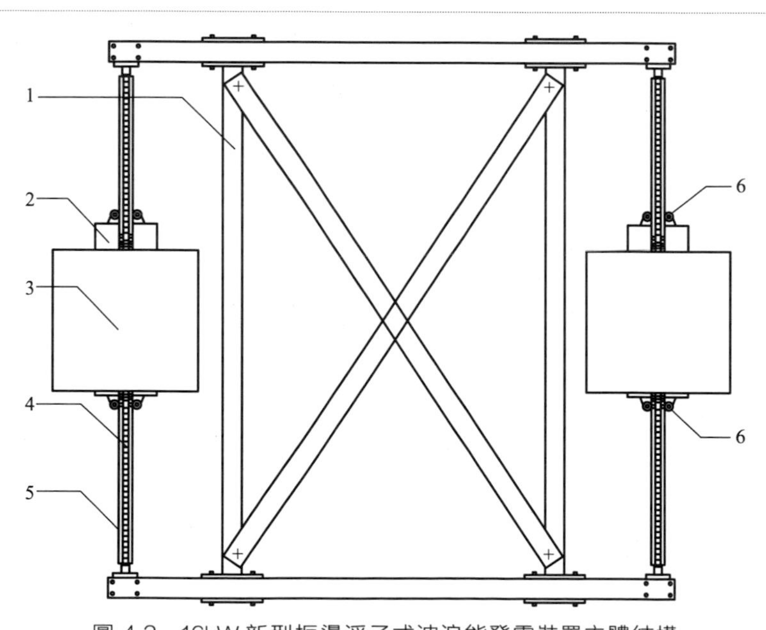

圖4-2 16kW新型振盪浮子式波浪能發電裝置主體結構
1—立柱；2—發電機；3—發電浮筒；4—齒條；5—齒條立桿；6—導向滑輪

裝置工作時，需沿框架底部橫梁安裝浮力塊，以產生大於結構自重的浮力，同時通過張緊繫泊纜繩，使纜繩張力與剩餘浮力平衡。纜繩時刻處於受拉的繃緊狀態，從而能有效地控制主體框架在垂直方向的運動。發電浮筒隨波浪起伏以獲取波浪能，由於較大的張力使得主體框架不隨波浪起伏，從而使發電浮筒能夠沿齒條立桿上下振盪，帶動發電機齒輪沿齒條運動而產生轉動，達到良好的發電效果。根據潮位的變化，通過安裝在結構上的潮位監測裝置自動控制卷揚機收放係泊纜繩，以適應不同的水深條件。

本裝置設計的正常工作波高爲 1～3m，波週期爲 3～8s，水深爲 10～20m。本裝置擬投放於青島周邊海域，滿足設計要求的選址方案有 3 個，分別爲：嶗山區石老人海域、即墨區柴島村海域和即墨區女島海域。

方案 1：嶗山區石老人海域，具體地理坐標爲北緯 36°05′20″，東經 120°29′20″。此地點位於浮山灣最東端，波浪資源較好；北臨香港東路，交通便利；附近有幾處漁港，有合適的組裝施工平臺和下水條件；漁港船舶同時可以滿足裝置的水上浮運需要；裝置工作地點離居民區較遠，但是靠近旅遊景點石老人，會對正常旅遊觀光產生一定影響。

方案 2：即墨區柴島村海域，具體地理坐標爲北緯 36°19′58″，東經 120°43′52″。此地點位於柴島東側的 U 形灣口處，波浪資源很好；由於位置偏僻，交通條件一般；靠近鰲山港和幾處漁港，有合適的組裝施工平臺和下水條件；有良好的水上浮運條件；裝置工作地點離居民區較遠，周圍有海參、鮑魚養殖池，會對養殖作業產生一定影響。

方案 3：即墨區女島海域，具體地理坐標爲北緯 36°22′20″，東經 120°51′42″。此地點位於女島東側，女島港西南處，波浪資源良好；靠近 S603 省道，交通便利；有良好的組裝施工平臺和下水條件；有優越的水上浮運條件；裝置工作地點緊鄰女島港入口，會對港口作業和船舶航行產生一定影響。

對上述三種方案進行分析對比，爲了保障波浪能發電裝置的正常運行，達到最佳的發電效果，確定各種不同的因素對其的影響，最後選擇的最優方案爲方案 2：即墨區柴島村海域。

根據海上選址的分析結果，2010 年 7～8 月期間在即墨區柴島村海域對上述波浪能發電裝置進行了海上現場試驗。海上試驗進行順利，裝置運行良好，達到了預期的試驗目的。試驗結果驗證了海上選址分析結果的正確性，有效地解決了波浪能發電裝置海上選址的實際問題。

4.4 裝置可靠性設計及防護

4.4.1 可靠性設計

與陸地相比，海洋環境具有其本身的特點。海洋是一個複雜的環境體系，海水不僅含鹽量高、壓力大，攜帶泥沙的海水還具有強烈的冲刷作用，並且生物成分複雜。海水是天然的電解質溶液，處於海水中的金屬機械容易產生諸如電偶腐蝕、縫隙腐蝕、海水冲刷等導致機械結構和元件等破壞的現象。

在海洋環境腐蝕及環境載荷（主要是風、浪、流）作用下，海洋平臺結構可能產生多種破壞形式，包括極限強度破壞，即在外載荷應力達到或超過其最大承載能力（由於腐蝕原因，導致平臺净截面削弱，從而使得其最大承載能力降低）的破壞；失穩破壞，指平臺所受到的最大壓應力達到或超過許用的失穩壓縮應力的破壞；脆性破壞，指含裂紋的平臺結構裂紋尖端應力強度因子達到了材料的斷裂韌性，從而導致靜載下的裂紋失穩擴展斷裂；腐蝕疲勞斷裂破壞，指在海洋環境腐蝕及交變載荷作用一定循環次數後，含裂紋平臺結構的裂紋突然失穩擴展斷裂。

可靠性是系統工程中具有綜合性的一類問題，是與產品品質和性能有關的重要屬性。可靠性具體來説是指產品的品質或性能具有的某種必要的穩定性，該穩定性能夠確保產品在規定的使用條件和任務時間內來完成規定任務和功能的能力，使其達到設計指標和設計要求。海洋工程裝備可靠性主要表現爲結構可靠性，爲提高液壓波浪能發電站在海洋環境下工作的可靠性，需對液壓波浪能發電站進行海洋環境的適應性設計。

4.4.2 防護方法

(1) 海水腐蝕

海洋工程結構服役期長，一般均超過 20 年，在服役期間基本不考慮二次維護，所處海洋腐蝕環境更爲苛刻。海水環境腐蝕條件苛刻，鋼結構表面在下水安裝後將自然地呈現腐蝕傾向，海洋環境特別是深水環境下結構的可維護性較差。因此，海洋工程全壽命期的安全性和可靠性對防腐系統的設計水平提出了越來越嚴格的要求。

防腐塗層是最爲經濟、最爲有效，也是應用最爲普遍的腐蝕防護手段。防腐塗層在海洋工程中的應用廣泛，發展歷程悠久。爲解決海水腐蝕的問題，需選用耐海水腐蝕的合金材料。在防腐塗層設計時，需要考慮相關規範的要求，根據結構所處腐蝕環境及介質條件選取塗料。實際工程中，海洋腐蝕環境主要分爲海洋大氣區、浪花飛濺區、海水全浸區及海泥埋覆區，其中浪花飛濺區由於海浪拍擊作用加劇材料破壞，是腐蝕最嚴重的區域。影響海水腐蝕的主要因素包括：溶解氧含量、鹽度、溫度、pH 值等。塗層的防腐作用一方面利用塗料的水密性阻止海水接觸金屬表面，另一方面利用塗料本身的緩蝕作用，使金屬保持在非活性狀態。

陰極保護系統通過電化學手段，由陽極向結構表面提供充分的保護電流，使結構表面上的電位充分負移，以達到防腐的目的。對海洋液壓開發機械的重要部件和零件，需選用電位不敏感的金屬。此外，在實際項目中，將在所有金屬部件的適當位置配置犧牲陽極（鋅）。

針對海洋工程結構的腐蝕問題，普遍採用防腐塗層結合陰極保護的複合防腐技術。防腐塗層配套體系的設計通常根據結構所處的腐蝕環境、介質條件、施工要求，基於設計人員經驗，從防腐性能、施工要求以及經濟性能角度考慮，選取合理恰當的塗料種類及塗層體系。

（2）生物附著

海洋生物在人造構件上的附著及其在構件上的大量繁殖會嚴重影響構件功能的正常發揮，如在艦船和潛艇表面的附著不僅造成表面腐蝕，還會增加航行阻力，降低航速，增大能耗；海洋生物附著在發電站上，會侵蝕發電站主體金屬；在海洋平臺上的附著會侵蝕鋼樁等。因此，需採取措施防止海洋生物附著在發電站上。爲避免污染海洋環境，可採用物理方法或者化學方法解決生物附著問題。

在物理防污的方法中，目前最先進的是低表面能塗料防污法。這種防污塗料的主要材料有氟聚合物和矽樹脂材料兩種。利用這類材料的表面自由能低、污損生物難以附著的特性，可達到防污的目的。這種防污塗料的最大優點是其環保無毒，不含生物殺生劑，代表了新型防污技術的發展方向。低表面能塗料在船舶上已有超過 60 個月的運行紀錄。

與物理法相比，化學方法有效可靠，但是容易破壞環境，殺害生物，且有害物質的富集會危害人類的健康。對於尺寸較大的海洋生物附著來說，塗層保護十分有效，但當塗層剥落或受損則效果下降。化學法包括毒品滲出法、生物法和電化學法。

（3）海洋環境防護

在海洋環境下工作的海洋裝備還需要應對特殊複雜環境的挑戰，波浪能發電裝置需要防護的主要是颱風和雷擊。

① 抗颱風　遇上颱風，裝置潛浮艙的注水系統自動向艙內注水，令其潛入水下，從而使發電站避免遭受颱風的破壞。颱風過後，排水系統自動將艙內的水排出，令其上浮復位，繼續發電。

② 防雷擊　各種海洋裝備在多雷電活動地區，特別是氣流活動頻繁的海島及沿岸地區極易遭雷擊，雷電事故會造成嚴重的社會經濟損失。因此，海洋環境下防雷工作是十分必要的。海洋平臺防雷是系統工程，應綜合採取外部防雷和內部防雷措施，同時與陸地常規做法有所不同。

a. 直擊雷的防護。直擊雷防護主要採取避雷針、帶、線，可採取提前放電式避雷針，它是一種具有連鎖反應裝置的主動型避雷系統，在傳統避雷針的基礎上增加了一個主動觸發系統，提前於普通避雷針產生上行迎面先導來吸引雷電，從而增大避雷針保護範圍，可比普通避雷針降低安裝高度。採用提前放電式避雷針，能大量減少避雷針的數量，降低避雷針的安裝高度。因此，對直擊雷的防護措施是在發電站的頂端安裝響應快、保護範圍大、無需維護的專用避雷針。

b. 側擊雷的防護。在海面以上每隔 5m 用扁鋼在發電站主體周圍焊接一周。

c. 信號防雷。在信號反饋線上安裝信號過電壓保護器。

d. 接地極。接地裝置的作用是把雷電流從接閃器盡快地散泄到大地中，接地系統的好壞直接影響到整個防雷系統的運行品質。

第5章

波浪能能量轉換系統

5.1 波浪能能量轉換系統分類

目前已經研究開發了多種波浪能轉換技術，實現波浪能轉換。根據國際上最新的分類方式，波浪能能量轉換技術分爲振盪水柱技術、振盪浮子技術和越浪技術三種。

5.1.1 振盪水柱技術

振盪水柱技術是利用一個水下開口的氣室吸收波浪能的技術。波浪驅動氣室內水柱往復運動，再通過水柱驅動氣室內的空氣，進而由空氣驅動葉輪，得到旋轉機械能，或進一步驅動發電裝置，得到電能（見圖 5-1）。其優點是轉換裝置不與海水接觸，可靠性較高；工作於水面，便於研究，容易實施；缺點是效率低。

圖 5-1　振盪水柱式波能轉換裝置示意

目前已建成的振盪水柱裝置有挪威的 500kW 離岸式裝置、英國的 500kW 離岸式裝置 LIMPET、澳大利亞的 500kW 離岸式裝置 UisceBeatha（見圖 5-2）、中國的 100kW 離岸式裝置、日本和中國的航標燈用 10W 發電裝置等。其中日本和中國的航標燈用 10W 發電裝置處於商業運行階段，其餘處於示範階段。

圖 5-2　澳大利亞 UisceBeatha 裝置

5.1.2 振盪浮子技術

振盪浮子技術包括鴨式、筏式、浮子式、擺式、蛙式等諸多技術。振盪浮子技術是利用波浪的運動推動裝置的活動部分——鴨體、筏體、浮子等產生往復運動，驅動機械系統或油、水等中間介質的液壓系統，再推動發電裝置發電。

已研發成功的振盪浮子裝置包括英國的 Pelamis（見圖 5-3）、Archimedes Wave Swing（AWS）（見圖 5-4）、美國的 Power Buoy（見圖 5-5）和中國的 50kW 岸式振盪浮子波浪能發電站、30kW 沿岸固定式擺式發電站等。其中英國的 Pelamis 裝置效率較低，可靠性較高，處於商業運行階段；其餘裝置效率較高，但可靠性較低，尚處於示範階段。

圖 5-3　英國 Pelamis 裝置

圖 5-4　英國 AWS 發電裝置

圖 5-5　美國 Power Buoy 發電裝置

5.1.3 越浪技術

越浪技術是利用水道將波浪引入高位水庫形成水位差（水頭），利用水頭直接驅動水輪發電機組發電。越浪技術包括收縮波道技術（Tapered Channel）、浪龍（Wave Dragon）和槽式技術（Sea Slot-Cone Generator）。優點是具有較好的輸出穩定性、效率以及可靠性；缺點是尺寸巨大，建造存在困難。

研發的裝置有挪威的 350kW 收縮波道式電站、丹麥的 Wave Dragon 裝置（見圖 5-6）、挪威的 SSG 槽式裝置（見圖 5-7）等，均處於示範或試驗階段。

圖 5-6 丹麥 Wave Dragon 裝置

圖 5-7 挪威 SSG 槽式裝置

5.2 波浪能發電裝置液壓能量轉換系統

5.2.1 液壓系統的設計及零部件選型

(1) 液壓馬達的參數計算

模擬發電液壓系統的工作壓力初設爲 $p=12\text{MPa}$，計算液壓馬達的排量。

根據公式

$$V_m = \frac{2\pi T}{p\eta_{mm}} \tag{5-1}$$

式中 V_m——馬達的排量，mL/r；

T——發電機額定轉矩，N·m；

p——系統壓力，MPa；

η_{mm}——液壓馬達的機械效率。

取馬達的機械效率爲 $\eta_{mm}=0.95$，將發電機的額定轉矩 $T=240.5\text{N}\cdot\text{m}$、系統工作壓力 $p=12\text{MPa}$ 代入式(5-1) 得：$V_m=132.48\text{mL/r}$。

結合計算所得的 $V_m=132.48\text{mL/r}$、發電機的額定轉矩 T 和初選系統工作壓力 p，選擇液壓系統的馬達的型號爲JHM3125，其參數如表 5-1 所示。

表 5-1 馬達參數

理論排量/(mL/r)	壓力/MPa		額定轉速/(r/min)	容積效率	總效率	輸出扭矩/N·m
	額定	最高				
125	27.5	35	2000	≥0.9	≥0.81	529.4

(2) 液壓缸的參數計算

液壓缸是將液壓能轉換成機械能並做往復直線運動的液壓執行元件。它具有結構簡單、工作可靠、運動平穩、效率高及布置靈活方便的特點，在各類液壓轉化傳遞系統中得到廣泛的運用。

本波浪能發電裝置中，在浮子的作用下，活塞與活塞桿做上下運動。活塞向上運動時，液壓缸下腔空氣不對活塞運動產生阻力，液壓缸下腔吸入液壓油；活塞向下運動時，液壓缸上腔吸油。液壓油向活塞兩面交替供油以完成活塞桿的正向與反向運動，正反向運動速度可以不同。液壓缸只需一腔有活塞桿，可與浮子相連，以帶動活塞運動，使液壓腔吸壓油液，帶動液壓轉化傳遞系統工作，非工作行程時由浮子帶動液壓缸活塞下降，故在波浪能發電裝置中選擇單出桿或者雙出桿活塞液壓缸。另外，爲了減少活塞桿在行程結束時與液壓缸內壁的撞擊，可以使活塞行程終了時減速制動，故我們選用不可調緩衝式單桿雙作用式液壓缸。液壓缸的類型確定後，要選擇液壓缸還需確定液壓缸的主要參數，包括液壓缸內徑 D、活塞桿直徑 d、行程 S 和缸速 v 等。

在發電液壓系統中，液壓缸相當於能源裝置，爲液壓馬達提供動力源。當發電機在額定轉速下工作時，液壓馬達的流量可以根據公式

$$Q_m = \frac{V_m n}{\eta_{mv}} \tag{5-2}$$

式中 Q_m——馬達流量，L/min；
V_m——馬達的排量，mL/r；
n——發電機的額定轉速，r/min；
η_{mv}——液壓馬達的容積效率。

將液壓馬達的排量 $V_m=125$mL/r、發電機的額定轉速 $n=250$r/min、馬達的容積效率 $\eta_{mv}=0.9$ 代入式(5-2) 得 $Q_m=36$L/min。

由功率平衡公式 $FV\eta=pQ_m$ 可以得到

$$F=\frac{pQ_m}{\eta v} \tag{5-3}$$

式中 F——升降臺作用在液壓缸上的驅動力；
η——系統的機械效率；
v——液壓缸的運行速度，m/s。

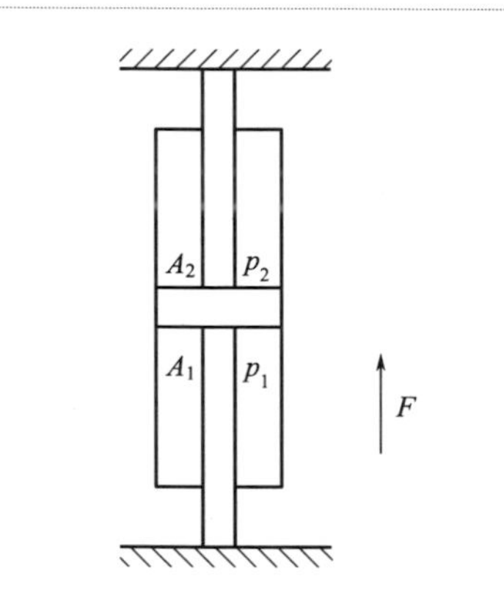

圖 5-8 發電液壓缸受力分析示意

考慮中國沿海海域平均波高 $H=1.5$m，波浪的平均週期 $T=6$s，所以設計液壓缸的平均運行速度爲 $v=2H/T=0.5$m/s。由於發電液壓系統相對比較簡單，故取系統的機械效率 $\eta=0.95$，再將初設系統壓力 $p=12$MPa、$Q_m=36$L/min 代入式(5-3) 得發電液壓缸所需的驅動力 $F=26767$N。當發電液壓缸穩定勻速上升時，其受力分析如圖 5-8 所示。

此時，由牛頓定律得

$$F=p_1A_1-p_2A_2$$

由於在液壓缸上升時，p_1 爲供油腔工作壓力，取 $p_1=12$MPa，p_2 爲排油腔壓力，由於其與油箱相通，取 $p_2=0$MPa。取桿徑比 $\phi=d/D=0.7$。

則可以得到
$$D=\sqrt{\frac{4F}{p_1\pi(1-\phi^2)}} \tag{5-4}$$

將 $F=26767$N，$p_1=12$MPa，$\phi=0.7$ 代入式(5-4) 得到：$D=75.38$mm。

按國標規定的有關標準，對液壓缸直徑 D 和活塞桿直徑 d 進行圓整。參照常用液壓缸內徑及活塞桿直徑標準，選取 $D=80$mm，$d=70$mm，液壓缸行程 $L=1500$mm。

(3) 發電系統的液壓原理

根據液壓系統的設計計算以及工程樣機的發電原理，設計發電液壓系統的原理如圖 5-9 所示。當液壓缸 2 上腔吸油時，則下腔就是工作腔壓油，下腔的高壓油經過單向閥 3（右側）進入液壓馬達 9，從而驅動發電機 11 進行發電。反之亦然。在發電液壓系統內部，蓄能器發揮著重要的作用，當系統壓力比較高時，它能有效地儲存瞬時不能利用的能量；當海浪模擬液壓系統中伺服閥換向或者升降臺上升、發電液壓系統內部壓力較低時，蓄能器又能有效地釋放能量對發電系統進行補給，這樣不僅有效地減少了能量浪費，而且有利於系統減振，穩定系統壓力，使發電電壓保持穩定，提高發電品質。

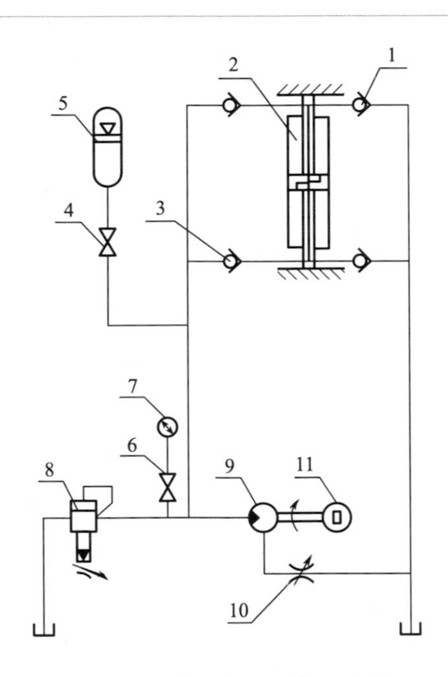

圖 5-9 發電液壓系統原理圖

1，3—板式單向閥；2—雙出桿液壓缸；4—蓄能器截止閥；5—蓄能器；6—壓力表截止閥；7—耐振壓力表；8—疊加式溢流閥；9—液壓馬達；10—板式單向節流閥；11—發電機

(4) 發電液壓系統的校核驗算

① 發電液壓缸的額定流量計算

$$q_n = \frac{\pi(D^2 - d^2)}{4} v \eta_{cv} \tag{5-5}$$

式中　q_n——液壓缸的額定流量，L/min；

η_{cv}——液壓缸的容積效率；

v——液壓缸的運行速度，m/s；

D——液壓缸活塞直徑，mm；

d——液壓缸活塞桿直徑，mm。

則將 $v=0.5\text{m/s}$，$D=80\text{mm}$，$d=70\text{mm}$，取 $\eta_{cv}=0.98$，代入式(5-5) 可以得到液壓缸的額定流量

$$q_n=\frac{\pi(0.08^2-0.07^2)}{4}\times 0.5\times 1000\times 60\times 0.98=34.62\ (\text{L/min})$$

② 液壓馬達的轉速計算

$$n=\eta_{mv}q_n/V \tag{5-6}$$

式中　n——液壓馬達轉速，r/min；

η_{mv}——液壓馬達容積效率；

q_n——發電液壓缸的額定流量，L/min；

V——液壓馬達的排量，mL/r。

取液壓馬達的容積效率 $\eta_{mv}=0.9$，按照液壓馬達的排量序列取液壓馬達的排量值 $V=125\text{mL/r}$，液壓缸的額定流量 $q_n=34.62\text{L/min}$，將上述參數代入式(5-6) 得，液壓馬達的轉速 $n=249\text{r/min}$。

③ 液壓馬達的扭矩計算

$$T=\frac{\Delta p V\eta_{mm}}{2\pi} \tag{5-7}$$

式中　T——液壓馬達的扭矩，N・m；

Δp——液壓馬達進出口的壓力差，MPa；

η_{mm}——液壓馬達的機械效率；

V——液壓馬達的排量，mL/r。

由於馬達的出口直接回油箱，所以出口壓力爲 0，入口壓力取爲系統的初設壓力 $p=12\text{MPa}$，所以 $\Delta p=12\text{MPa}$，取液壓馬達的機械效率 $\eta_{mm}=0.9$，液壓馬達排量 $V=125\text{mL/r}$，將上述參數都代入式(5-7)，可以得到液壓馬達的扭矩 $T=218.85\text{N}\cdot\text{m}$。

④ 液壓馬達的功率計算

$$P=T\omega=2\pi nT \tag{5-8}$$

將液壓馬達的扭矩 $T=218.85\text{N}\cdot\text{m}$、轉速 $n=249\text{r/min}$ 代入式(5-8)，可以得到液壓馬達的功率 $P=5.70\text{kW}$。

經過校核計算，可以驗證液壓馬達的扭矩 T、轉速 n、功率 P 能夠

與之前系統的設計選型相互匹配。

⑤ 液壓管道選型　對液壓管道進行選型主要是確定液壓管道的內徑 d 和壁厚 δ，這是由管道內流量和最高工作壓力決定的。

其中管道內徑

$$d=\sqrt{\frac{4q}{\pi v}} \tag{5-9}$$

式中，q 爲液壓管道內流量，由上文可知 q；v 爲液壓油流速。帶入數據可得 d。

管道壁厚

$$\delta=\frac{pd}{2[\sigma]} \tag{5-10}$$

式中，p 爲管道內最大工作壓力，由上文可知；$[\sigma]$ 爲許應用力，對於銅管，$[\sigma] \leqslant 25\text{MPa}$；$d$ 爲管道內徑。帶入數據可得管道壁厚 δ。

⑥ 單向閥及溢流閥選型　對單向閥通徑的選型主要是確定其通徑大小，單向閥的通徑與液壓管道內徑相同，取爲 10mm，開啓壓力爲 0.035MPa。

對溢流閥的選型主要是確定其溢流壓力及通徑大小，溢流閥的溢流壓力取 16MPa，通徑取爲 10mm。

5.2.2 發電機及儲能系統的選型

基於波浪能發電的不穩定性和波浪能發電技術的不成熟，由波浪能採集裝置轉化爲液壓能再轉化爲電能的效率較低的現狀，要求波浪能發電系統的每個元件的能量傳送及轉化效率較高，對於發電機，所產生的電量的品質要求也較高。考慮到交流永磁同步電動機具有體積小、重量輕、高效節能等一系列優點，選擇交流永磁同步發電機。

波浪能發電模擬實驗裝置的設計發電功率爲 15kW，考慮試驗裝置的布局以及負載的平衡性，將 15kW 的發電功率分配給兩套相同的發電系統，每一套發電系統的功率爲 7.5kW。考慮到盡量與實際海況一致，選擇了低轉速、大扭矩的永磁發電機，具體參數如表 5-2 所示。

表 5-2　發電機參數

功率	交流電壓	轉速	額定轉矩	效率	重量
7.5kW	380V	250r/min	240.5N·m	0.919	190kg

儲能系統的選擇應從技術、經濟、安全和成熟度四個方面綜合考慮。儲能技術主要有三大類：機械儲能、化學儲能以及電磁場儲能。

機械儲能中的抽水蓄能和壓縮空氣儲能不適用於兆瓦級以下的儲能系統。電磁場儲能中的超導磁儲能和超級電容儲能均屬於功率型儲能，功率特性好但能量密度低，無法滿足波浪能發電裝置對儲能系統容量的要求。電化學儲能中的鈉硫電池和液流電池近年來得到的關注較多。鈉硫電池能量密度和轉換效率均較高、循環次數較多，但目前僅有日本 NGK 技術較爲成熟，且經濟成本非常高。液流電池雖深充深放的循環次數較多，但能量密度低、效率低，且技術成熟度仍需進一步完善。

蓄能器是液壓轉化傳遞系統中的儲能元件，不僅可以利用它儲存多餘的壓力油液，在需要時釋放出來供系統使用，同時也可以利用它來減少壓力衝擊和壓力脈動。蓄能器在保護系統正常運行、改善其動態品質、降低振動和噪聲等方面均起重要作用，在現代大型液壓轉化傳遞系統中，特別是在具有間歇性工況要求的系統中尤其值得推廣應用。蓄能器可分爲多種類型，相比於其他形式蓄能器，氣囊式蓄能器具有氣液隔離、反應靈敏、質量輕等特點，結合本波浪能發電裝置對液壓系統的要求，選擇氣囊式蓄能器。確定蓄能器充氣壓力 p_0。

選擇本蓄能器的充氣壓力時主要考慮因素是蓄能器的容積和使用壽命，對於蓄能器品質的要求並不高。

① 使蓄能器總容積 V_0 最小，在單位容積儲存能量最大的條件下，絶熱過程時（氣體壓縮或膨脹的時間小於 1min）取 $p_0=0.491p_2$，等溫過程時（氣體壓縮或膨脹的時間大於 1min）取 $p_0=0.5p_2$。

② 在保護氣囊、延長其使用壽命的條件下，對於氣囊式蓄能器，一般取 $p_0 \geqslant 0.25p_2$，$p_1 \geqslant 0.3p_2$，p_1 爲最小工作壓力。

確定蓄能器最低工作壓力 p_1 和最高工作壓力 p_2。蓄能器的最低工作壓力需要滿足

$$p_1=(p_1)_{max}+(\sum \Delta p)_{max} \tag{5-11}$$

式中，$(p_1)_{max}$ 爲末端液壓元件的最大工作壓力，MPa；$(\sum \Delta p)_{max}$ 是從蓄能器至末端原件的壓力損失之和，MPa。

蓄能器應用的設計計算方法。對於液壓馬達，可以採用公式：進口流量 $q=Vn/(60\eta_V)$，將馬達的各項參數代入可以得到進口流量。

蓄能總容積 V_0，即爲充氣容積。

$$V_0=\frac{\Delta V}{p_0{}^{1/n}\left[\left(\frac{1}{p_1}\right)^{1/n}-\left(\frac{1}{p_2}\right)^{1/n}\right]} \tag{5-12}$$

5.3 波浪能發電裝置控制系統

5.3.1 發電控制系統設計

PID 控制是最早發展起來的控制策略之一，具有結構簡單、工作可靠、穩定性好、調整方便等特點，而且還有較強的魯棒性，已經被廣泛的應用於過程控制和運動控制中，尤其適用於可建立數學模型的確定性控制系統。自 PID 控制器誕生，至今已經有 70 年的發展歷史，根據相關資料顯示，工業控制過程中 95%以上的回路具有控制結構，它已經成爲應用於化工、冶金、機械、熱工和輕工業等領域的主要技術之一。

本書研究的是一個典型的閥控對稱液壓缸位置伺服控制系統，該系統中液壓系統在上升、下降兩種工況下負載變化較大，很大程度上會影響系統的響應特性，故採用 PID 控制調節以取得滿意的效果。

（1）海浪模擬液壓伺服系統的控制結構

根據之前章節建立的海浪模擬液壓伺服系統的傳遞函數，嵌入控制器就可以得到海浪模擬液壓伺服系統的控制框圖，如圖 5-10 所示。

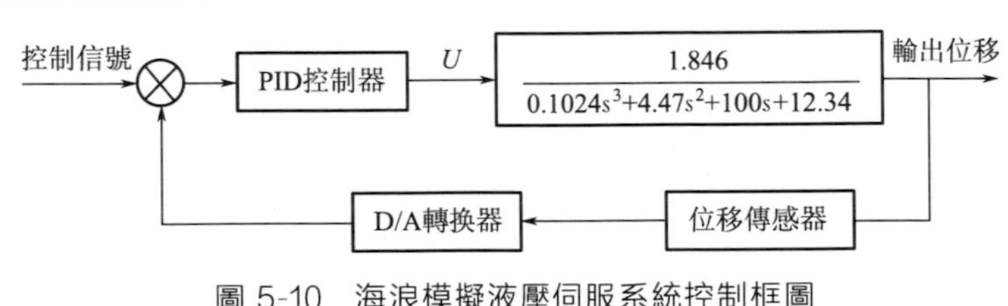

圖 5-10　海浪模擬液壓伺服系統控制框圖

在系統運行的過程中，當外負載發生變化或者外界干擾引起液壓缸的速度、內部壓力發生變化時，系統的輸出位移會發生變化，此時，位移傳感器會將測得的位移信號轉換爲對應的電壓信號，將該信號與給定的控制信號（模擬波形所對應的電壓信號）相比較，將比較所得的偏差電壓信號作爲 PID 控制器的輸入，經過 PID 控制器作用以後再輸出，系統會將控制器的輸出通過比例放大器放大後作用在伺服閥的閥芯上，伺服閥會根據作用信號的大小調節閥芯位移，控制進入液壓缸的流量，從而實現液壓缸在受到負載變化及外界干擾的情況下保持穩定的速度和位移。

(2) PID 控制器參數的整定

在 PID 控制器的設計過程中，PID 參數的整定不僅是最核心的內容，也是最困難的環節。PID 控制器的比例係數 K_P、積分係數 K_I 和微分係數 K_D 的大小需要根據被控對象的應用領域、實際工況以及系統特性來確定。PID 控制器參數的整定方法很多，目前廣泛使用的方法有 2 種。

① 試湊法確定控制器參數　試湊法確定 PID 控制器參數就是依據比例係數 K_P、積分係數 K_I 和微分係數 K_D 三個參數對系統性能的影響，通過觀察系統運行情況來調整系統的參數，直到能夠獲得滿意結果的一種參數整定方法。

a. 確定比例係數 K_P。確定比例係數 K_P 時，去掉 PID 控制器的積分和微分項，將系統的輸入設定爲允許最大輸出值的 60%～70%時的值，將比例係數 K_P 從 0 開始逐漸地增大，直到系統開始產生振盪；反過來，再從產生振盪時刻的比例係數 K_P 開始逐漸的減小，直到系統產生的振盪消失，設定 PID 控制器的比例係數爲當前值的 60%～70%，至此，就確定了系統的比例係數。

b. 確定積分係數 K_I。積分係數 K_I 的確定就等同於積分時間常數的 T_t 確定，比例係數 K_P 尺確定後，將積分時間常數 T_t 設定成一個較大的值，然後逐漸地減小 T_t，直到系統產生振盪，再反過來，逐漸地增大 T_t，直到系統的振盪消失，記錄此時的積分時間常數設定的積分時間常數 T_t 爲當前的 150%～180%，通過 T_t 再計算出積分係數 K_I，至此，就確定了系統的積分係數。

c. 確定微分係數 K_D。微分係數 K_D 的確定就等同於微分時間常數 T_D 的確定。微分時間常數 T_D 一般不需要設定，取 0 就可以，此時 PID 調節轉換成 PI 調節，如果需要設定，則與確定 K_P 的方法相同，取其不振盪時刻值的 30%。

② 用經驗數據法確定 PID 控制器參數　PID 控制器的參數整定方法並不唯一，從工程應用的角度考慮，只要被控制對象的主要性能指標達到設計要求即可，因此，根據長期積累的實踐經驗發現，各種控制對象的 PID 參數設定都有一定的範圍，這爲現場調試提供了一個參考基準。表 5-3 給出了幾種常見被控量的參數經驗數據。

表 5-3　幾種常見的 PID 控制量參數經驗數據

物理量	特點	K_P	T_I/s	T_D/s
溫度	對象有較大的滯後，常用微分	1.6～5	180～600	30～180

續表

物理量	特點	K_P	T_I/s	T_D/s
液位	允許有靜差，也可以用積分和微分	1.25～5		
壓力	對象的滯後不大，可不用微分	1.4～3.5	25～180	
流量	時間常數小，有噪聲，K_P 和 T_I 都較小，不用微分	1.0～2.5	5～60	

5.3.2 輸出電能處理

根據需求一般將整個系統設計爲電力控制系統和採集監測系統兩部分。電力控制系統主要包括波浪能控制櫃、蓄電池、配電櫃、逆變器和負載及卸荷保護；採集監測系統主要包括採集卡、總線控制設備、上位機和軟體系統。某獨立電力系統總體方案如圖 5-11 所示。

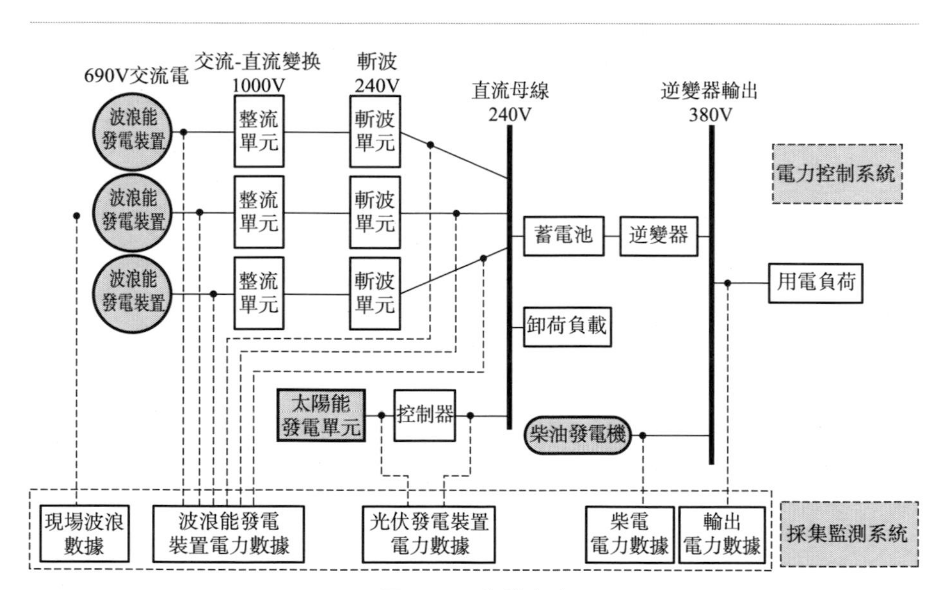

圖 5-11　總體方案

(1) 輸入端

各波浪能發電機輸出皆爲三相交流，通過三相電纜接入各自控制櫃，太陽能輸出爲直流，通過直流電纜接入控制櫃。柴油發電機作爲備用電源，直接爲負載供電。

（2）輸出端

逆變器交流輸出採用三相四線制，地線與發電單位進線端地線匯總，逆變器輸出端、地線與零線間通過絶緣子隔開。柴油發電機爲 10kW，輸出爲三相四線，通過具有互鎖功能的轉換開關與逆變器輸出端並聯，作爲備用電源。

（3）配電櫃

各發電單位控制櫃輸出、蓄電池組輸出及逆變器交流輸出、製氫等負載設備、柴油機等接線端通過固態繼電器在配電櫃中匯總，除由與上位機相連的 PLC 進行自動控制之外，爲保證可靠性，還裝有手動控制，對各單位進行切換。

（4）低壓母線

配電系統中低壓母線採用 AMC 系列的空氣絶緣型母線槽，該類型產品可供頻率 50～60Hz，最大額定電壓 1000V，額定工作電流 100～500A 的配電系統使用。各項性能符合 IEC439-2、GB7251. 2—1997 標準，可在額定電流及 110％的額定電壓下長期工作。

5.3.3 發電遠程監控系統設計

隨著海浪發電技術的日趨成熟，有效、合理、經濟地解決海浪發電裝置在海上運行時的數據採集和監控是迫切需要的。目前很多海浪發電設備還處在實驗階段，發出的電並沒有供給於消費者或者客户，而是在海上直接消耗，監測這類海浪發電裝置的發電是一個不小的難題。傳統的各種海浪發電裝置，大多數都是通過鋪設海底光纜、利用有線傳輸進行各項發電參數的數據傳送，從而實現對發電裝置的監控。然而，鋪設海底光纜進行數據傳輸不僅工程巨大，技術上不好實現，而且耗費巨資。

爲此，本書介紹一種基於 GPRS 技術的無線數據採集系統和裝置，來實現對海上發電裝置各項電力參數的數據採集和檢測。該系統是通過 GPRS-Internet 網路實現數據的無線傳輸，系統運行時，首先，由主控電腦通過無線模塊配套軟體來配置、調試客户端的數據採集卡和無線傳輸模塊，使它們彼此認知；其次，利用無線模塊將數據採集卡採集的數據通過 GPRS 網路傳送至具有固定 IP 連接的主控電腦；最終，通過主控電腦實現在無人值守條件下的遠程海上發電裝置的數據採集。該系統結構簡單，精度、自動化程度高，成本低，穩定性好，能夠適用於環境條件惡劣情況下的自動化遙測。

本書所介紹的基於 GPRS 的無線數據採集系統是利用 GPRS 的 Internet 接入功能，以 GPRS 網路和 Internet 網路爲通信信道的通信模型。該無線數據採集系統是由 DAM-3505/T 三相全交流電量採集模塊、GPRS 無線傳輸模塊、GPRS 網路、Internet 網路、硬體模塊資訊配置軟體、伺服器程序軟體、數據採集的終端軟體、主控電腦等軟硬體設施組成（見圖 5-12）。

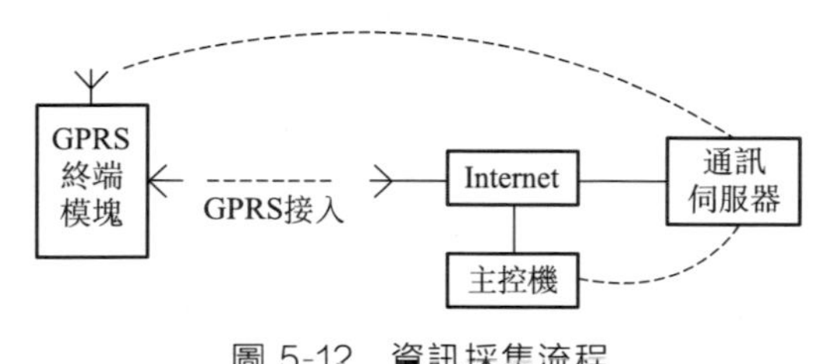

圖 5-12 資訊採集流程

其通信原理是：在海浪發電模擬實驗裝置上安裝支持 Modbus 協議的 DAM-3505/T 電量採集模塊（負責進行數據採集、封裝、儲存），該模塊通過 RS-485 接口與支持透明數據傳輸協議的 A-GPRS1090I 終端模塊通電上線後就連入了 GPRS 網路，利用 GPRS 的 Internet 接入功能就能實現 A-GPRS1090I 終端模塊、GPRS 網路、Internet 網路、通信伺服器與主控電腦之間的通信，在主控電腦上安裝、運行數據採集軟體，就能對電量採集模塊進行控制，從而實現海浪發電參數的數據採集。

其工作過程是：在主控電腦上運行無線數據採集終端軟體，發出數據採集命令，電量採集模塊接到數據採集命令後，將採集的數據包傳送給 GPRS 終端模塊，終端模塊通過 GPRS 網路進行無線傳送，傳送給 Internet 網路，Internet 發送數據給建立的通信伺服器，伺服器可將接收到的數據進行轉發，將數據包映射到主控機的串口或者其他端口，主控電腦接收端口數據並利用無線數據採集終端軟體進行數據解析、顯示、分析、保存，這樣就完成了一次完整的數據採集。整個傳輸過程採用透明傳輸模式，誤碼率低，穩定率好，檢測結果準確。海浪發電無線數據採集系統的連接圖如圖 5-13 所示。

基於 GPRS 的海浪發電無線數據採集系統的硬體部分包括支持 Modbus 協議的 DAM-3505/T 模塊、支持透明數據傳輸協議的 A-GPRS1090I 模塊和主控電腦。DAM-3505/T 模塊和 A-GPRS1090I 模塊都是非常成熟的技術產品，在工業自動化控制領域應用十分廣泛。

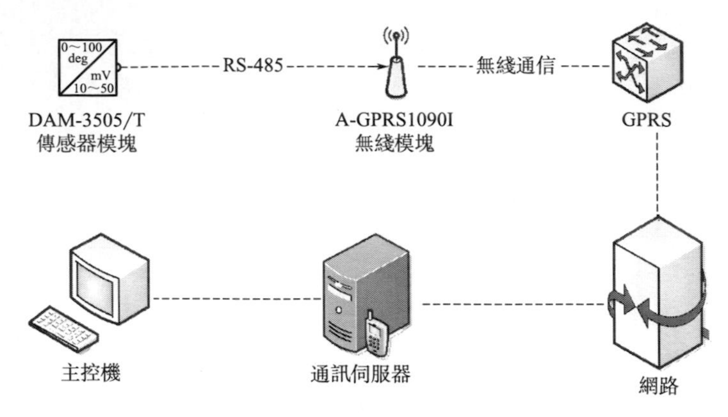

圖 5-13　海浪無線數據採集系統連接圖

（1）DAM-3505/T 模塊

DAM-3505/T 模塊如圖 5-14 所示。

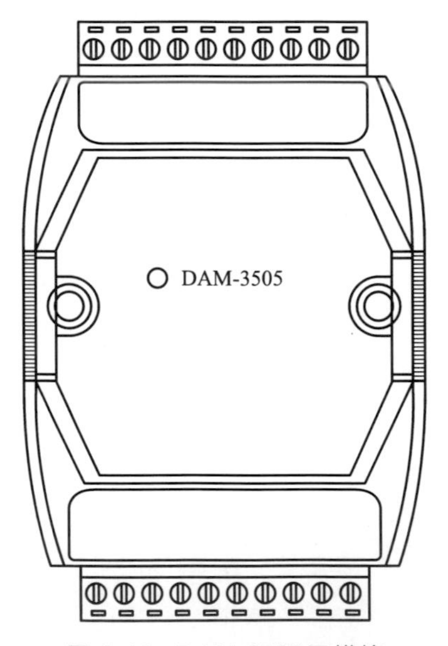

圖 5-14　DAM-3505/T 模塊

DAM-3505/T 模塊是一個三相四線制全參數交流電量採集模塊，是海浪發電無線數據採集系統進行數據採集的執行單位。其通過標準的 RS-485 接口與 A-GPRS1090I 模塊相連，在運行時，其主要負責數據的採集、封裝、儲存等工作，能夠測量電壓（量程 400V，可根據實際工況定制）、電流（量程 50A，可根據實際工況定制）、有功功率、無功功率、視在功率、功率因數、總電度、正向有功電度、正向無功電度、輸入頻率、溫度、濕度等參數，內置看門狗，外置交流互感器測量精度能夠達到±0.2%。在正常運行時，其默認的模塊地址是 1，波特率 9600bit/s，需要外配獨立的直流電源供電。

在海浪發電無線數據採集系統中，採集的信號主要是電流、電壓、頻率、功率、總功、溫度、濕度等。電流和頻率主要是利用外置的交流互感器進行採集，DAM-3505/T 模塊將採集到的電流、電壓、頻率等模擬量信號首先傳遞到採集卡的內部處理器，內部處理器根據採集的電流、電壓、頻率等參數進行計算得出發電設備的發電功率、有功功率、無功功率等參數，並將其儲存在採集模塊內部的寄存器裏。

（2）A-GPRS1090I

A-GPRS1090I 模塊是整個無線數據採集系統的核心部件，它在 DAM-3505/T 模塊與主控電腦之間架設了一條無線通信信道，從而實現數據的無線傳輸。該模塊支持 GSM/GPRS 雙頻通信，具有透明數據傳輸和協議傳輸兩種工作模式，提供標準的 RS-485 接口，內嵌了完整的 TCP/IP 協議棧，既支持數據中心域名訪問，也支持 IP 地址訪問，不僅能夠實現點對點（Point-To-Point）還能實現點對多（Point-To-Multipoint Transmission）、中心對多點的對等數據傳輸，具有永遠在線、空閒下線、空閒掉電三種工作方式，能夠通過簡訊或者打電話進行模塊喚醒，具備斷線自動重連功能。

在海浪發電無線數據採集系統中，選用的 A-GPRS1090I 模塊是具備標準的 RS-485 接口類型的模塊，利用透明數據傳輸協議，通過 IP 地址進行訪問，採用永久在線的工作模式，從而實現點對點之間對等的數據傳輸。圖 5-15 爲 A-GPRS1090I 模塊。

在 A-GPRS1090I 模塊右側面，有伸出來的天線、電源接口（需要 9～12V 獨立的直流電源）、標準的 RS-485 接口（與 DAM-3505/T 模塊相連）；左側面有一個 SIM 插槽（用於插入 GSM 卡），NET、PWR、ACT 三個指示燈分別指示網路連接、電源、數據發送等資訊。

圖 5-15　A-GPRS1090I 模塊

(3) 主控電腦

主控電腦是整個無線數據採集系統的監控中心和整個軟體系統運行的載體。它需要與 Internet 互聯，並且要求具有固定的地址，安裝 Windows XP/2000/2003 操作系統。其主要功能是爲整個系統的實現提供一個前端的監控平臺，爲系統的軟體部分提供一個界面非常友好的安裝環境，並作爲通信伺服器的載體，實現 Internet 上通信伺服器的數據與數據採集終端軟體之間的傳輸、解析等。

整個海浪發電無線數據採集系統的軟體部分主要包括 GPRS 配置工具 V6.01、ART-Server 軟體、數據採集終端軟體。

① GPRS 配置工具 V6.01　在建立海浪發電無線數據採集系統的系統連接之前，需要將 A-GPRS1090I 模塊通過 DAM-2310 模塊（R-485 轉 R-232）與主控電腦相連，利用 GPRS 配置工具 V6.01 進行 A-GPRS1090I 模塊資訊的配置。GPRS 配置工具 V6.01 的模塊資訊配置界面如圖 5-16 所示。

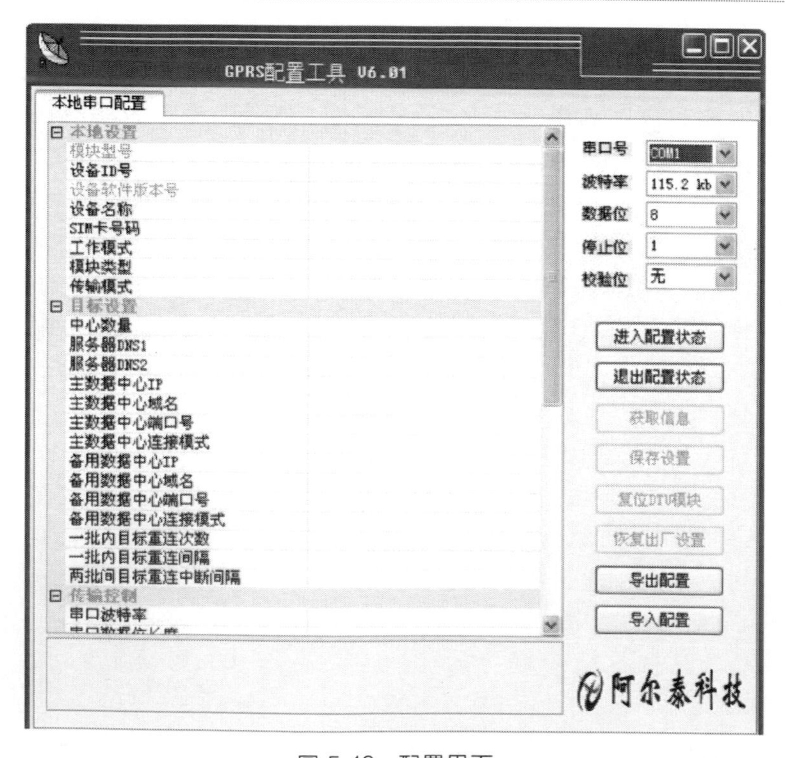

圖 5-16　配置界面

模塊資訊的配置主要包括本地設置、目標設置、傳輸控制三部分。其中本地配置主要包括無線設備的設備名稱、卡號、工作模式、傳輸模式等；目標設置主要是設置主控電腦的監聽端口、上網時的固定域名、中心數量等內容；傳輸控制主要是設置無線模塊在傳輸時的波特率等串口屬性、心跳間隔等內容。所有資訊設置完成之後保存設置。模塊資訊配置的主要作用是將主控電腦、模塊和某個固定端口三者之間建立相互聯繫，使它們之間能夠彼此認知，這樣在建立無線通信連接時，就可以彼此握手建立無線通信信道。此外，通過配置工具還可以導出模塊的配置資訊進行列印、將模塊恢復出廠設置或者復位等功能。

② ART-Server 軟體　ART-Server 軟體相當於整個海浪發電無線數據採集系統的一個開關，負責整個無線通信信道的啓、停。當 A-GPRS1090I 模塊資訊配置完成之後，將整個海浪發電無線數據採集系統的硬體部分按圖 5-13 所示的系統連接圖建立連接，按要求給 A-GPRS1090I 提供直流電源，啓動主控電腦上的 ART-Server 軟體就可以建立 GPRS 終端模塊、GPRS 網路、Internet 網路、通信伺服器與主控電腦之間無線通信信道。圖 5-17 爲 ART-Server 軟體。

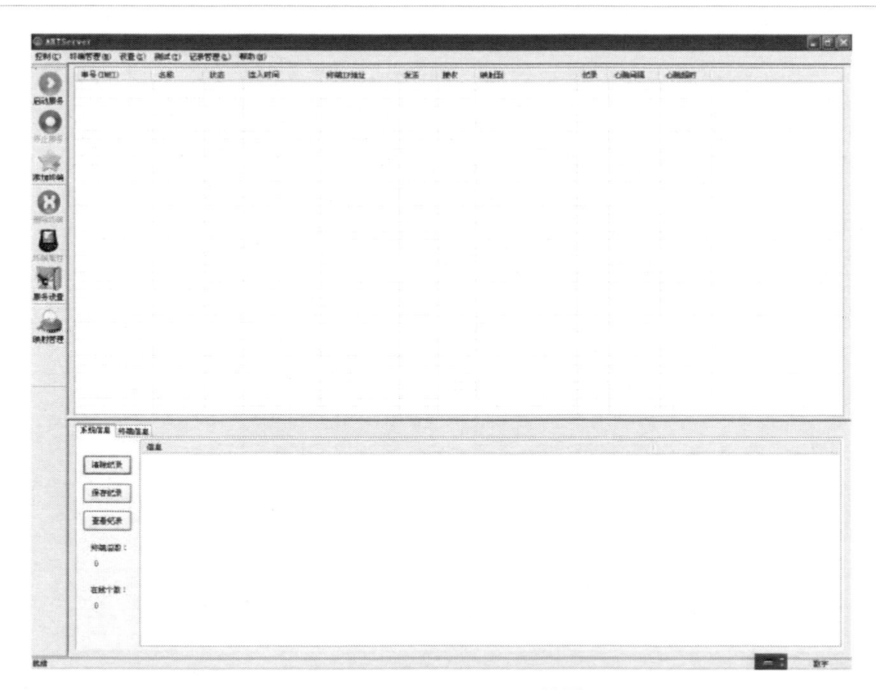

圖 5-17　ART-Server 軟體

ART-Server 軟體的主要功能是通過主控電腦使 A-GPRS1090I 模塊上線、虛擬出電腦串口、建立通信伺服器進行數據映射等功能，從而實現主控電腦、A-GPRS1090I 模塊和 Internet 的某個固定 IP 端口三者之間握手，成功建立無線通信信道。該軟體的運行伴隨著整個系統數據採集的全過程，它各部分功能的順利實現是海浪發電無線數據採集系統成功運行的關鍵。

③ 數據採集終端軟體　阿爾泰的數據採集卡 DAM-3505/T 和 A-GPRS1090I（工業級）模塊支持 VC、VB、C＋＋Builder、Delphi、Labview、VCI 組態軟體等語言的平臺驅動。在此，本書採用熟悉的 Visual C＋＋語言開發數據採集終端軟體，通過該軟體能夠實現對三相交流電壓、電流、頻率、功率等參數的採集與保存。

5.3.4 發電遠程控制軟體

海浪發電無線數據採集系統的數據採集終端軟體是通過可視化編程語言 Visual C＋＋開發的，它爲整個系統的運行提供了一個可視化的監控界面。

登錄頁面如圖 5-18 所示，畫面設置用户的登錄，不同用户選擇相應的密碼進行登錄。

圖 5-18　登錄界面

設備監測頁面如圖 5-19 所示。實時監測波浪能發電裝置、太陽能發電裝置、蓄電池組和負載的運行情況，刷新顯示輸入輸出的電壓、電流、發電功率、壓力、流量等資訊，包括設備的正常運行、停機和故障等內容。

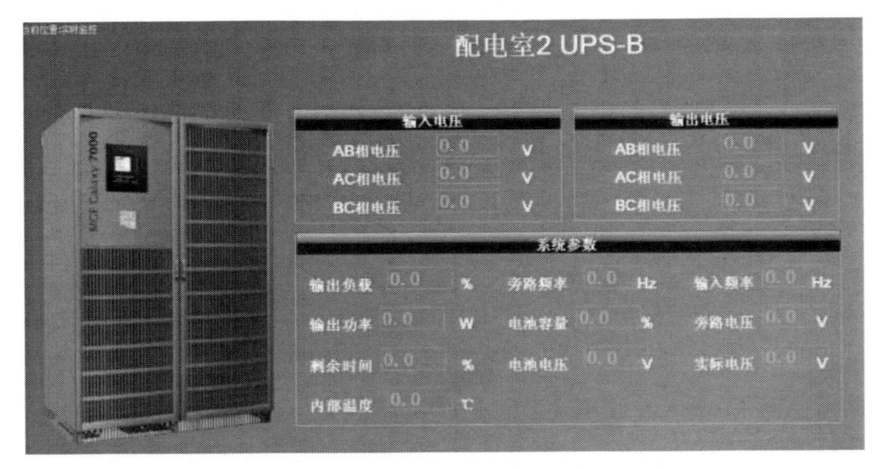

圖 5-19 監測界面

數據曲線顯示頁面如圖 5-20 所示。可以顯示各類參數如電壓、電流、功率等的歷史曲線，可同時選擇多個種類參數進行顯示，便於管理人員進行可視化的瀏覽和分析。其數據來源是通過查詢數據庫數據得到的。

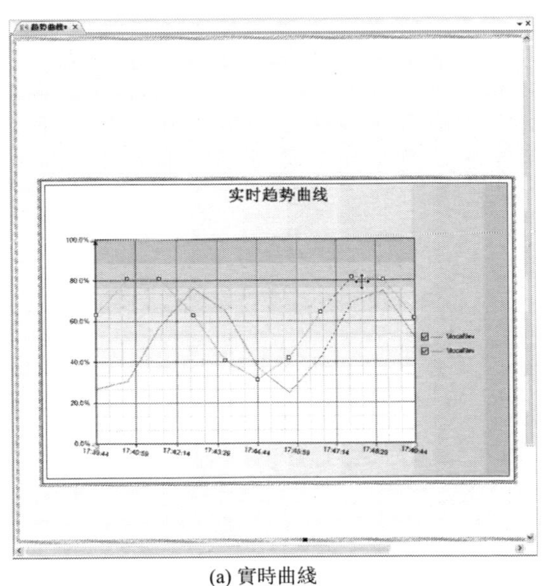

(a) 實時曲綫

圖 5-20

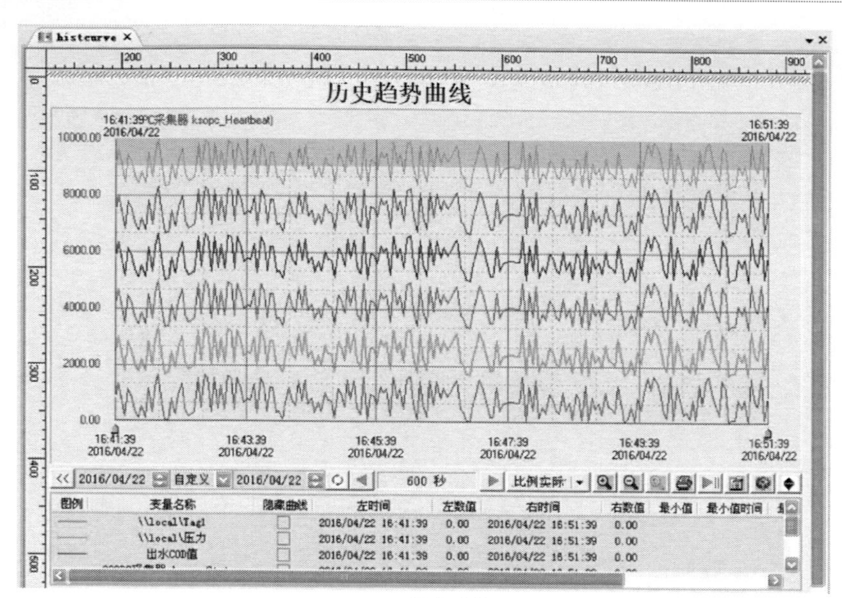

(b) 歷史曲綫

圖 5-20　數據曲線顯示頁面

報表統計如圖 5-21 所示。主要是對歷史數據的統計分析，並提供簡單的數據統計功能，例如發電量的計算、最大功率、最小功率等。

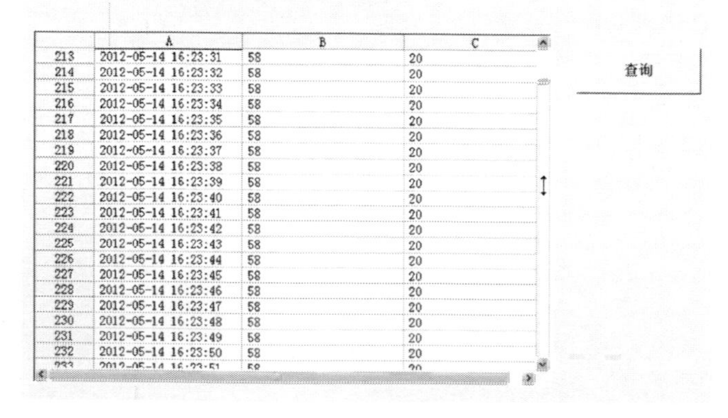

	A	B	C
213	2012-05-14 16:23:31	58	20
214	2012-05-14 16:23:32	58	20
215	2012-05-14 16:23:33	58	20
216	2012-05-14 16:23:34	58	20
217	2012-05-14 16:23:35	58	20
218	2012-05-14 16:23:36	58	20
219	2012-05-14 16:23:37	58	20
220	2012-05-14 16:23:38	58	20
221	2012-05-14 16:23:39	58	20
222	2012-05-14 16:23:40	58	20
223	2012-05-14 16:23:41	58	20
224	2012-05-14 16:23:42	58	20
225	2012-05-14 16:23:43	58	20
226	2012-05-14 16:23:44	58	20
227	2012-05-14 16:23:45	58	20
228	2012-05-14 16:23:46	58	20
229	2012-05-14 16:23:47	58	20
230	2012-05-14 16:23:48	58	20
231	2012-05-14 16:23:49	58	20
232	2012-05-14 16:23:50	58	20

圖 5-21　報表統計頁面

在該軟體開發的過程中，有效地利用了 DAM-3505/T 模塊數據採集軟體的動態鏈接庫 DAM3000. DLL 文件，其爲軟體的開發節省了大量的工作。數據採集終端軟體主要功能流程圖如圖 5-22 所示。

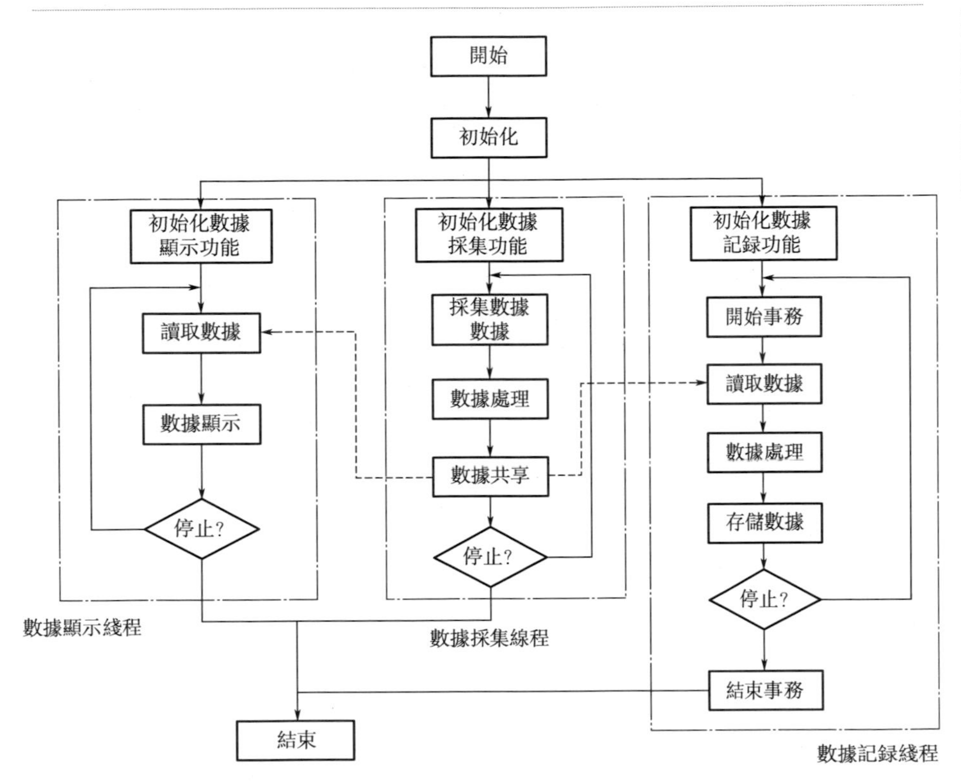

圖 5-22　數據採集終端軟體功能流程圖

程序開始運行後，首先進行初始化操作，進行設備的識別、連接等。當用户開始執行數據採集任務後，程序會自動生成 3 個線程：數據採集線程、數據顯示線程、數據記錄線程。

（1）數據採集線程

首先對數據採集模塊進行初始化，包括設備資訊的讀取與修改、通信參數設置及相關變量的初始化操作。然後數據採集程序向數據採集模塊發送數據採集命令，並根據設置的延時時間進行等待，如果超時後仍未讀取到任何數據，則程序重新發送數據採集指令。當系統讀取到需要的數據後，將對數據進行解析，計算出電壓、電流等參數，然後程序將計算的結果儲存於電腦的內存中供其他線程或程序使用。如此循環，直到任務終止。

(2) 數據顯示線程

首先初始化數據顯示功能，然後數據顯示線程從電腦內存中讀取數據採集線程所採集到的各種資訊，並進行處理，最後按照預定格式進行各種參數的實時顯示。

(3) 數據記錄線程

數據記錄線程開始後，首先進行數據庫的初始化，包括動態鏈接庫的加載、數據庫及數據庫中表的建立等操作。之後數據記錄線程會開始事務功能。利用數據庫的事務功能可以暫時將數據儲存在電腦內存裏，電腦內存的讀寫速度大大快於硬碟的讀寫速度，故可以極大地節省操作時間。然後數據記錄線程會在數據採集線程成功完成一次數據採集後，讀取最新採集到的數據並處理，以適當的格式儲存於數據庫中。當線程結束或者內存數據庫中的數據達到一定數量時，數據庫將結束事務，並將數據寫入電腦硬碟。

在數據保存時，海浪發電無線數據採集系統充分利用了 Splite 數據庫小巧、靈活、功能豐富的特點，通過調用動態鏈接庫，利用 Sqlite 數據庫進行海浪發電參數的保存，並且實現了所保存數據的導出功能，用户可以利用 Excel 對從數據庫中導出的 CSV 格式的數據文件進行後期的分析處理。

當建立好通信連接後，運行數據採集終端軟體可以高效、準確地採集海浪發電模擬實驗裝置的三相交流電壓、電流、頻率、功率、總功、溫度、濕度等參數，同時能將採集到的數據利用數據庫進行保存，能夠直觀、方便、快捷地查看海浪發電設備在任何時刻的各項發電參數，數據採集終端軟體界面如圖 5-23 所示。

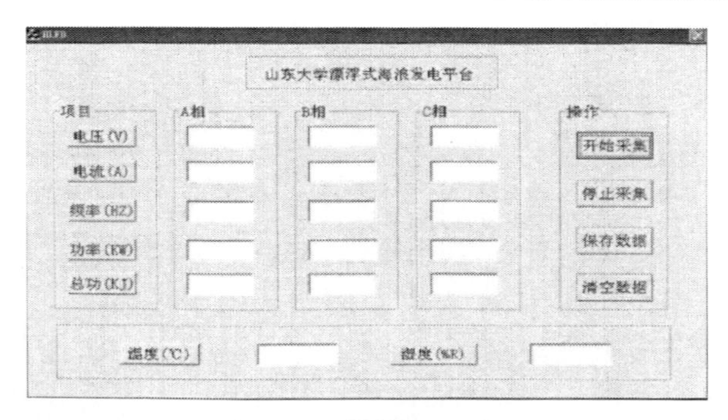

圖 5-23 數據顯示界面

海浪發電無線數據採集終端軟體既可以利用 A-GPRS1090I 模塊通過 GPRS 網路建立無線信道進行遠程無線數據採集，也可以通過 DAM-2310 模塊（RS-485 轉 RS-232）將 DAM-3505T 模塊直接與主控電腦相連進行有線數據採集。相對有線數據採集而言，利用 GPRS 技術的無線數據採集實時性比較差，程序的延時時間需要設置較長。

第6章

波浪能發電裝置設計實例

6.1 波浪能發電裝置的設計

本章以山東大學設計研發的漂浮式液壓波浪能發電裝置爲例，詳解波浪能發電裝置的設計過程，其中部分參數已經在第 5 章給出。

漂浮式液壓波浪能發電裝置的總體方案如圖 6-1 所示，系統主要由頂蓋、主浮筒、浮體、導向柱、發電室、調節艙、底架等部分組成。浮體 3 在波浪的作用下沿導向柱 4 做上下運動，並帶動液壓缸產生高壓油，高壓油驅動液壓馬達旋轉，帶動發電機發電。

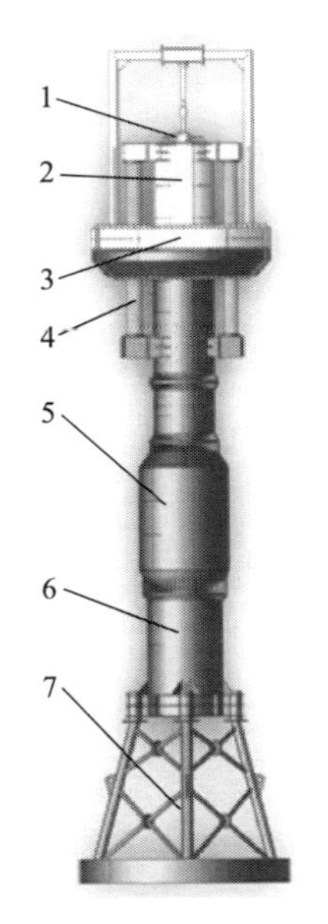

圖 6-1 漂浮式液壓波浪能發電裝置總體方案

1—頂蓋；2—主浮筒；3—浮體；4—導向柱；5—發電室；6—調節艙；7—底架

底架主要對主浮筒起到水力約束的作用，在波浪經過時，保持主浮筒基本不產生任何運動。而浮體則在波浪的作用下沿導向柱做往復運動。液壓缸與主浮筒連接在一起，活塞桿與浮體的龍門架連接在一起，浮體與主浮筒的相對運動轉變爲活塞桿與液壓缸的相對運動，從而輸出液壓能。發電室用於放置液壓和發電系統。調節艙用於調節浮體平衡位置，通過向調節艙中注水、沙，可以降低浮體的位置，增加被淹没的高度，最終使浮體處於導向柱的中間位置處。由於系統的浮力大於其所受的重力，整體處於漂浮狀態，潮漲潮落時，波浪能發電裝置能夠隨液面高度的變化而變化。

根據漂浮式液壓波浪能發電裝置的設計、製造及試驗的相關過程，將主要步驟分爲以下方面。

① 主要技術内容的確定。

② 實施海域的確定。

③ 理論分析。

④ 數值模擬分析（水動力學分析）。

⑤ 比例模型實驗。
⑥ 試驗及參數修正。
⑦ 陸地試驗與海試。相關內容在第 7 章進行講解。

6.2 技術內容

根據前期的項目研發，漂浮式液壓波浪能發電裝置的相關技術內容如下。

（1）研究漂浮式波浪能發電系統的液壓驅動技術

研究可以輸出大扭矩和高速度的漂浮式波浪能發電液壓系統。當波浪比較大，波浪能較多時，液壓驅動系統的能量儲存器開始儲存波浪能；而當波浪變小，發電系統所採集的能量不足以維持系統正常的發電時，能量儲存器開始向發電系統補充能量，使發電系統能保持穩定的發電狀態。

（2）研究漂浮式波浪能發電裝置子系統

漂浮式波浪能發電裝置子系統由水力約束系統、主體立柱、導向柱、浮體、水密發電室等部分組成。浮體套裝在導向柱上，在波浪推動下可沿導向柱做上下運動，由此產生的高壓油驅動液壓馬達旋轉，並帶動發電機發電。

（3）研究漂浮式液壓波浪能發電系統的動力學模型及其動態特性

漂浮式液壓波浪能發電系統的工作狀況複雜，會同時受到海水浮力、波浪衝擊力、海風力、液壓驅動力、摩擦力等的影響，是典型的多物理場流固耦合問題，動態特性非常複雜。項目將研究漂浮式液壓波浪能發電系統的「機-電-液-氣」混合系統動力學模型，分析其動態特性。

（4）研究完善漂浮式液壓波浪能發電系統的設計與製造

研究完善漂浮式液壓波浪能發電系統硬體的設計圖紙與製造工藝。項目的目標是將漂浮式液壓波浪能發電系統進行產業化發展。漂浮式液壓波浪能發電系統須系列化，適合各種海況要求。

6.3 海域選擇與確定

經過對煙臺、威海附近的海域多次實地考察調研，向海洋漁業部門及當地漁民瞭解海域情況，最終海試地點定在北緯 37°26′40″，東經 122°39′30″。該點位於海驢島西南方向約 500m 處，該點海底爲砂土質，便於發電系統進行錨泊固定，第 4 季節的海況能夠滿足項目的試驗要求。受地理因素限制，此位置對航道無影響。圖 6-2 爲所選海域情況。

圖 6-2　海驢島

6.4 理論分析

爲了研究漂浮波浪能發電裝置在波浪衝擊下的可靠性，需計算其水平載荷（爲保證可靠性，此處按固定樁柱模式計算）。作用在平臺機構上波浪誘導的載荷是由於波浪產生的壓力場所致，一般波浪誘導載荷可以分爲三種：拖曳力、慣性力和繞射力。在海洋工程結構中，通常是根據大尺度結構還是小尺度結構來決定選用哪種計算波浪載荷的方法。對於小尺度構件，波浪的拖曳力和慣性力是主要的；而對於大尺度機構，波浪的慣性力和繞射力是最主要的。這裏所謂小尺度構件是指 $D/L \leqslant 0.2$ 的情況（D 爲構件的直徑，L 爲波長）。小尺度構件波浪載荷可以用莫裏森（Morison）方程計算。

Morison 方程可表示爲

$$F = F_D + F_M = \rho C_M V \frac{\partial u}{\partial t} + \frac{1}{2}\rho C_D A\,|u|\,u \tag{6-1}$$

式中　F——水平載荷力，N；

ρ——流體密度，kg/m^3；

V——物體體積，m^3；
A——物體的投影面積，m^2；
C_M——慣性係數；
C_D——阻力係數；
u——流體速度，m/s。

根據浮體和主浮筒的結構形式，取 $C_M=2.0$，$C_D=0.5$。由線性微幅波理論，水質點的水平運動速度和加速度分別爲

$$u=\frac{H\omega}{2}\times\frac{\cosh ks}{\sinh kh}\cos\Theta \tag{6-2}$$

$$\frac{\partial u}{\partial t}=\frac{2\pi^2 H}{T^2}\times\frac{\cosh ks}{\sinh kh}\sin\Theta \tag{6-3}$$

式中各參數意義見圖 6-3，$\Theta=kx-\omega t$。

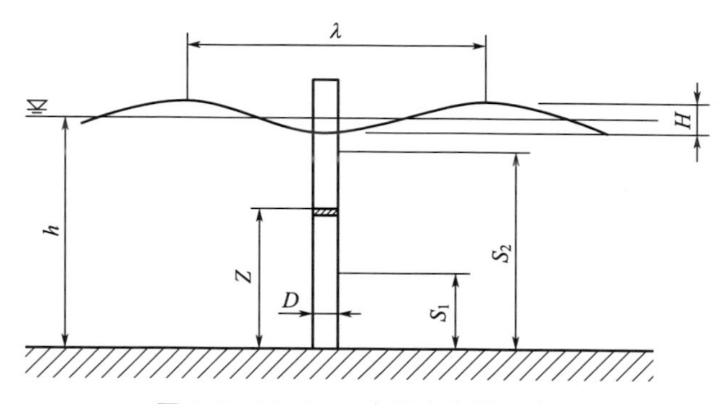

圖 6-3 Morison 方程中參數示意圖

將式(6-2) 和式(6-3) 帶入式(6-1) 得

$$\begin{aligned}F=&C_M\rho A\left(\frac{2\pi^2 H}{T^2\sinh kh}\right)\int_{S_1}^{S_2}\cosh ks\,\mathrm{d}s\sin\Theta+\\&\frac{1}{2}C_D\rho D\left(\frac{\pi H}{T\sinh kd}\right)^2\int_{S_1}^{S_2}\cosh^2 ks\,\mathrm{d}s\cos\Theta\left|\cos\Theta\right|\\=&F_M\sin\Theta+F_D\left|\cos\Theta\right|\cos\Theta\end{aligned} \tag{6-4}$$

由基本數學公式

$$\cosh^2 ks=\frac{1}{2}(1+\cosh 2ks) \tag{6-5}$$

有

$$\int_{S_1}^{S_2} \cosh^2 ks\,ds = \int_{S_1}^{S_2} \frac{1}{2}(1+\cosh 2ks)\,ds$$
$$= \frac{1}{4k}[2k(S_2 - S_1) + \sinh 2kS_2 - \sinh 2kS_1] \tag{6-6}$$

則

$$F_D = \frac{1}{2}C_D\rho D\left(\frac{\pi H}{T\sinh kh}\right)^2 \frac{2k(S_2-S_1)+\sinh 2kS_2-\sinh 2kS_1}{4k}$$
$$= \frac{1}{2}C_D\rho D\left(\frac{2\pi}{T}\right)^2 \frac{H^2}{4}\times\frac{2k(S_2-S_1)+\sinh 2kS_2-\sinh 2kS_1}{4k\ \sinh^2 kh} \tag{6-7}$$

$$F_M = C_M A_I \frac{2\pi^2 H}{T^2\sinh kh}\int_{S_1}^{S_2}\cosh ks\,ds$$
$$= C_M\rho A\frac{gH}{2}\times\frac{\sinh kS_2 - \sinh kS_1}{\cosh kh} \tag{6-8}$$

式中定義了 $\Theta = kx - \omega t$，式中 x 的值與坐標的選取有關，爲了方便起見，取 $x=0$，所以 $\Theta = -\omega t$，F 的表達式可改寫爲如下形式

$$F = F_D\cos\omega t\,|\cos\omega t| - F_M\sin\omega t \tag{6-9}$$

取極限情況爲波高 8m，週期 14s（估算）。波長 L 爲

$$L = \frac{gT^2}{2\pi}\tanh\frac{2\pi h}{L} \tag{6-10}$$

取水深 h 爲 40m，代入數據迭代得波長 L 爲 242.3m。則波速 $C = L/T = 242.3/14 = 17.31\text{m/s}$，波數 $k = 2\pi/L = 2\times 3.14/242.3 = 0.026$，圓頻率 $\omega = 2\pi/T = 2\times 3.14/14 = 0.449$。

速度勢爲

$$\varphi = \frac{ag}{\omega\cosh kh}\cosh k(z+h)\sin(kx - \omega t) \tag{6-11}$$

代入數據得 $\varphi = 56.0\cosh 0.026(z+40)\sin(0.026x - 0.449t)$

自由面形狀（波面方程）爲

$$\eta = a\cos(kx - \omega t) \tag{6-12}$$

代入數據得 $\eta = 4\cos(0.026x - 0.449t)$。

對於浮體，其投影邊長 $D=6.6\text{m}$，平均截面積 A 由軟體算得爲 30.73m^2，$S_1 = -1.7$，$S_2 = 0$。則可得

$$F_1=6506\cos 0.449t\left|\cos 0.449t\right|-70012\sin 0.449t \tag{6-13}$$

對於主浮筒，其投影邊長 $D=2.4\mathrm{m}$，平均截面積 $A=4.522\mathrm{m}^2$，$S_1=-20$，$S_2=0$。則可得

$$F_1=28354\cos 0.449t\left|\cos 0.449t\right|-126702\sin 0.449t \tag{6-14}$$

對於 $F=F_D\cos\omega t\left|\cos\omega t\right|-F_M\sin\omega t$ 這樣呈週期性變化的力，可以通過求導數的辦法求得最大水平波浪力。

$$\frac{\mathrm{d}F}{\mathrm{d}t}=-\omega\cos\omega t\left(F_M+2F_D\sin\omega t\right)=0 \tag{6-15}$$

通過觀察可得出，有兩種情況能滿足上式：

① $\cos\omega t=0$，此時位於靜水面，$x=0$；

② $F_M+2F_D\sin\omega t=0$。顯然 $\left|\sin\omega t\right|\leqslant 1$，所以只有滿足式 $F_D\geqslant 0.5F_M$ 的時候公式才成立。

通過上面的分析可以知道最大水平波浪力的時刻和幅值。

① 當 $F_D<0.5F_M$ 時，水平波浪力的最大值出現在 $\cos\omega t=0$ 的時候，此時的最大水平波浪力爲：$F=F_M$。

② 當 $F_D=0.5F_M$ 時，可以導出 $\sin\omega t=-1$，顯然此時 $\cos\omega t=0$，此時的最大水平波浪力也爲：$F=F_M$。

③ 當 $F_D>0.5F_M$ 時，參考 $F_M+2F_D\sin\omega t=0$ 可以得到：$\sin\omega t=-\frac{1}{2}\times\frac{F_M}{F_D}$。

進而得到最大的力爲

$$F_{\max}=F_D\left[1+\frac{1}{4}\left(\frac{F_M}{F_D}\right)^2\right] \tag{6-16}$$

由上式可得浮體水平方向最大受力爲 70012N，主浮筒水平方向最大受力爲 126702N。則整體水平方向最大受力爲 1.967×10^5N。

利用三維分析軟體分別求出各個部件的質量、重心位置、浮力（爲方便比較，轉換爲等效質量）和浮心位置，如表 6-1 所示。設定一基準面，並標示各部件的重心和浮心位置，如圖 6-4 所示。

表 6-1　計算結果匯總

項目	質量/kg	相對重心位置/m	浮力體積/m^3	浮力等效質量/kg	相對浮心/m
底架	29413.610	−4.348	5.581	5720.966	−3.734
調節艙	10865.348	1.725	20.857	21378.075	2.127

續表

項目	質量/kg	相對重心位置/m	浮力體積/m^3	浮力等效質量/kg	相對浮心/m
發電室	11754.554	6.636	40.206	41211.377	6.749
主浮筒	17062.519	14.246	26.409	27069.293	11.957
導向柱	18742.685	14.298	3.540	3628.601	11.442
頂蓋	1551.474	19.087		0.000	
合計	89390.190			99008.312	

注：浮體部分單獨平衡，故未計算在內。

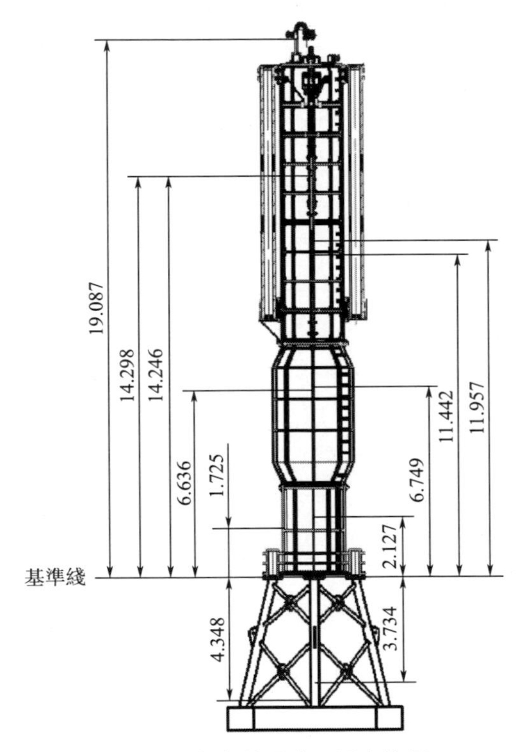

圖 6-4　各部件重心、浮心位置

樣機的重心位置爲：

$$Z_{\text{重心}}=\frac{m_{\text{底架}}Z_{\text{底架}}+m_{\text{調節艙}}Z_{\text{調節艙}}+m_{\text{發電室}}Z_{\text{發電室}}+m_{\text{主浮筒}}Z_{\text{主浮筒}}+m_{\text{導向柱}}Z_{\text{導向柱}}+m_{\text{頂蓋}}Z_{\text{頂蓋}}}{m_{\text{底架}}+m_{\text{調節艙}}+m_{\text{發電室}}+m_{\text{主浮筒}}+m_{\text{導向柱}}+m_{\text{頂蓋}}}$$

$$=5.7(\text{m}) \tag{6-17}$$

同理可得浮心的相對座標爲 6.741m。考慮到錨鏈重量以及調節艙的注水量後，經計算可得浮心比重心高出 2.5m 以上，可以具有傾斜後自動恢復的功能。

6.5 數值模擬分析

漂浮式液壓波浪能發電裝置利用浮體吸收波浪能量，再通過液壓系統驅動液壓馬達，帶動發電機發電。由於浮體直接與液壓缸連接，而液壓缸的活塞桿只能承受軸向力，所以爲保證液壓缸的正常工作，利用導向裝置來限制浮體的上下運動，從而將浮體受到的水平力和力矩傳遞給立柱。爲了分析立柱在實海況下工作的可靠性，需對立柱與海浪間的流固耦合進行分析。

6.5.1 小浪情況下的流固耦合分析

小浪情況下，波浪參數見表 6-2，發電裝置處的波浪變化規律如圖 6-5 所示。爲了減少計算量，流固耦合從 18.7s 開始，取 18.7s 時的狀態爲流體域的初始狀態，將此時間點作爲 0 時刻進行流固耦合的計算，取一個週期的四個點來顯示仿真結果，如圖 6-6～圖 6-9 所示。

表 6-2　波浪參數

波高 H /m	週期 T /s	波長 L /m	波數 k	圓頻率 ω /(rad/s)	波速 c /(m/s)
1.1	4.4	30.19615	0.20808	1.4278	6.826276

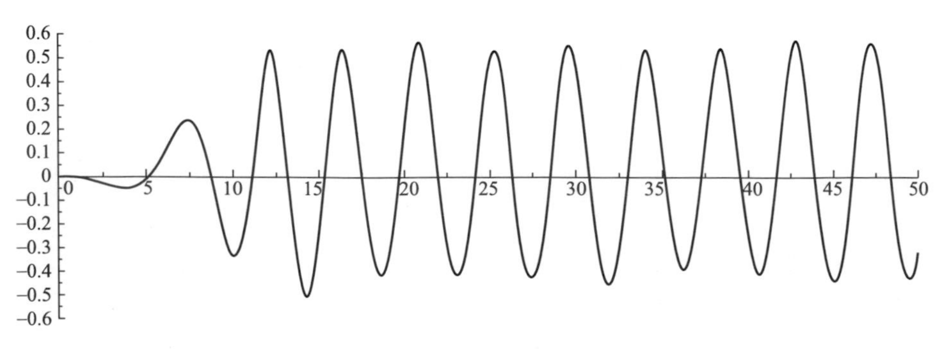

圖 6-5　波浪變化

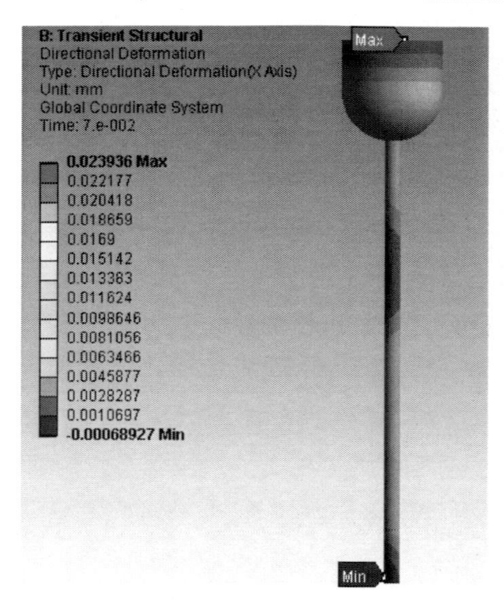

圖 6-6　0.07s（18.77s）時的形變與速度向量圖

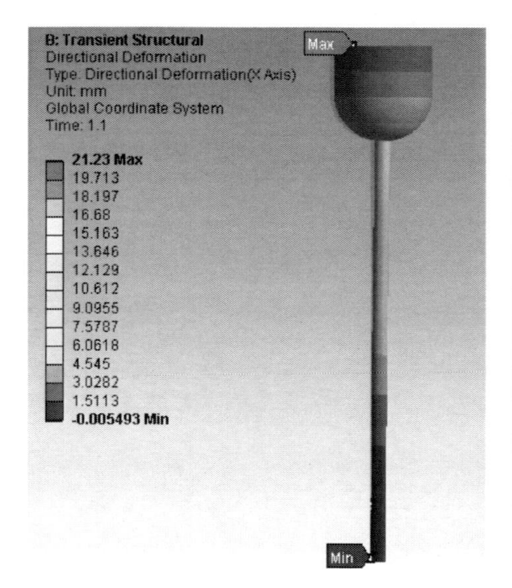

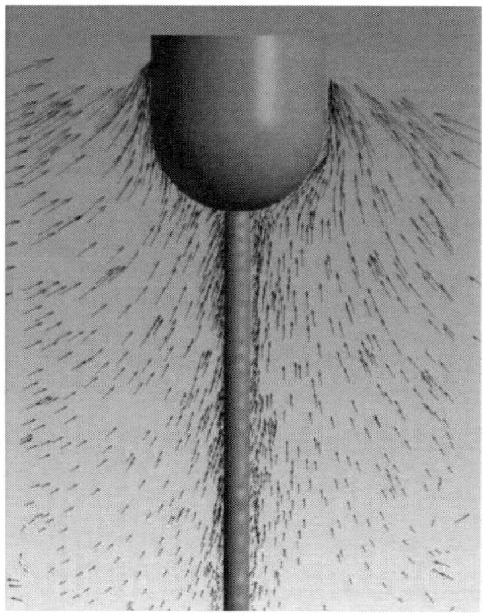

圖 6-7　1.1s（19.8s）時的形變與速度向量圖

由速度向量圖可知，靠近水面部分的流體速度較大，流場對發電裝置的作用力大部分集中於浮體，然後通過導向裝置傳遞給立柱。由形變圖可知，最大形變發生在立柱頂端。根據不同時刻立柱的最大形變量，可得立柱形變隨時間變化的曲線，如圖 6-10 所示。

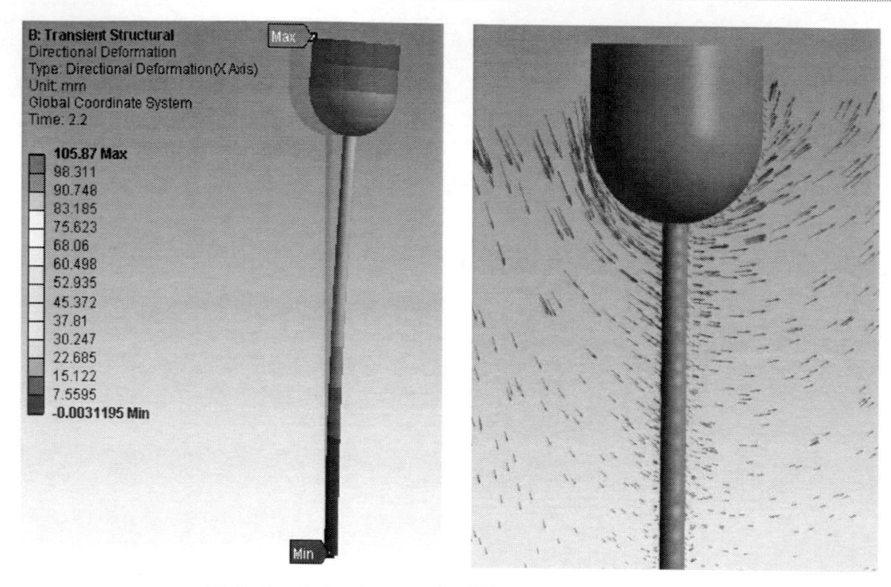

圖 6-8　2. 2s（20. 9s）時的形變與速度向量圖

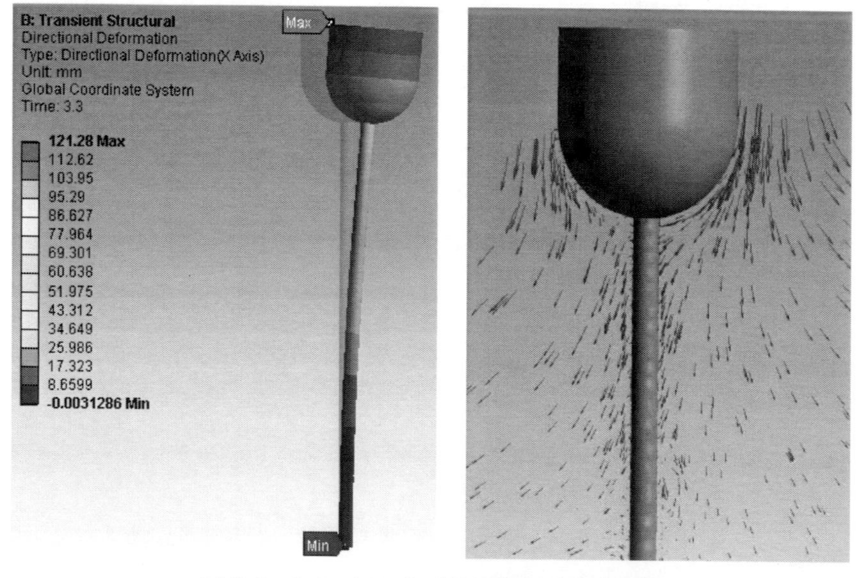

圖 6-9　3. 3s（22s）時的形變與速度向量圖

由圖 6-10 可知，立柱形變最大的位置並不在波浪的平衡位置處，而是在 2. 9s，該時刻的形變與速度向量圖如圖 6-11 所示。

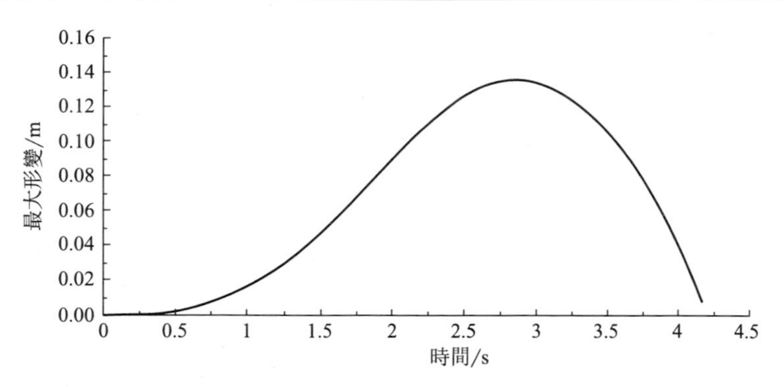

圖 6-10 立柱最大形變量

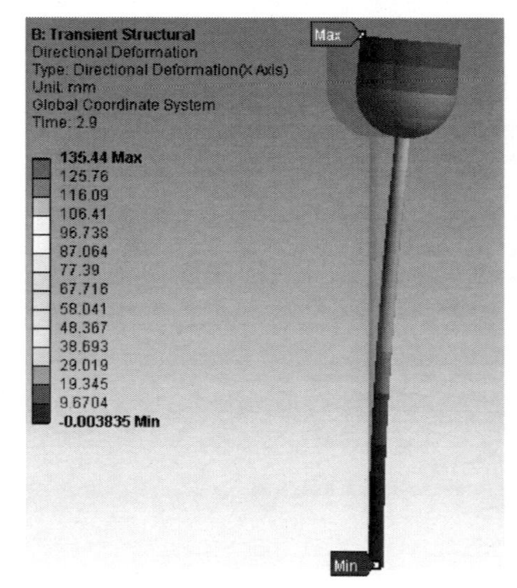

圖 6-11 2.9s（21.6s）時的形變與速度向量圖

6.5.2 大浪情況下的流固耦合分析

本項目實施海域的波高將近 2m，考慮到波浪在傳播過程中的衰減問題，故模擬波高爲 2.2m 的波浪，其他參數見表 6-3。

表 6-3 波浪參數

波高 H/m	週期 T/s	波長 L/m	波數 k	圓頻率 ω/(rad/s)	波速 c/(m/s)
2.2	6.6	67.94134	0.0924796	0.9512	10.29414

計算流體域時，發電裝置位於 135m 處，$0\text{m} \leqslant x \leqslant 70\text{m}$ 爲造波區，$150\text{m} \leqslant x \leqslant 200\text{m}$ 爲消波區，在不存在發電裝置的同等網格條件的豎直水槽中進行造波，可得 135m 處的波高約爲 2m。

在流體仿真中，需要考慮到浮體運動所帶來的流場變化，由前面的仿真結果可知，由立柱形變引起的浮體位移很小，而且立柱形變所帶來的流場變化也很小，因此進行流體仿真時，將立柱和浮體均看作剛體，利用動網格技術和 UDF 功能實現浮體沿立柱的上下運動。在動網格設置中，選擇彈簧光順法與局部重劃法實現動網格的更新。在動網格區域設置中，將浮體的外面表（move）設置爲 Rigid Body 類型，其運動規律通過 UDF 功能確定，將浮體上面的部分立柱（yuanzhu 1）和浮體下面的部分立柱（yuanzhu 2）設置爲 Deforming 類型，變形軌跡爲圓柱體，即浮體向上運動時，上半部分立柱變短，下半部分立柱變長，浮體向下運動時，上半部分立柱變長，下半部分立柱變短，這樣就能模擬浮體沿著立柱上下運動，其他參數設置與立柱的尺寸和空間位置有關，如圖 6-12 所示。

仿真結束後，選取平衡位置的兩個時刻（18.75s 和 22.05s）的仿真結果導入 Workbench 的 Static Structural 模塊。在固體仿真中，首先對固體模型進行網格劃分（如圖 6-13 所示），然後添加重力、固定約束等條件，將流體仿真結果導入到指定面上之後，就可進行流固耦合分析，仿真結果如圖 6-14、圖 6-15 所示。

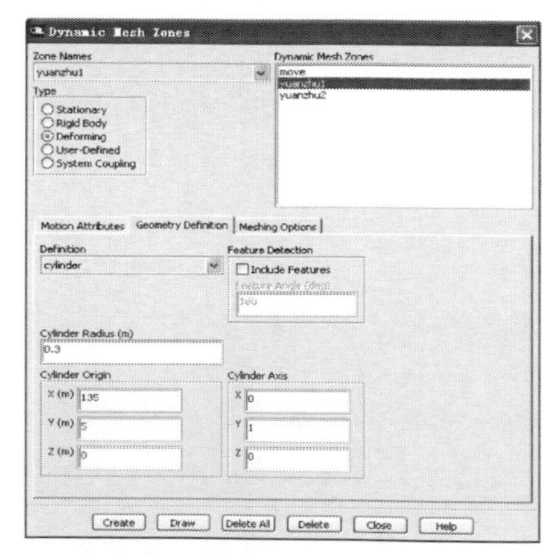

圖 6-12　動網格設置區域設置

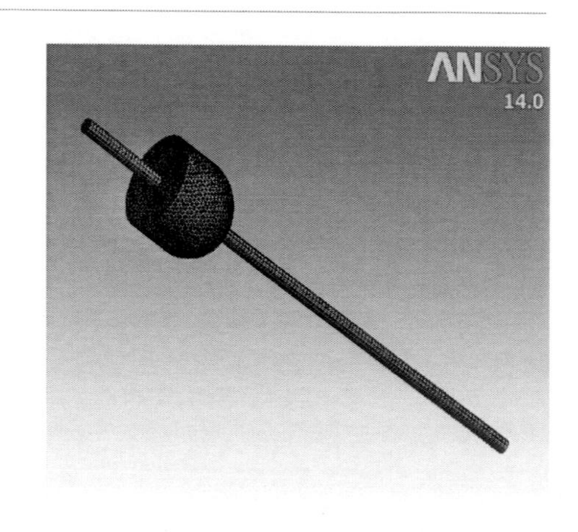

圖 6-13　固體域網格劃分效果圖

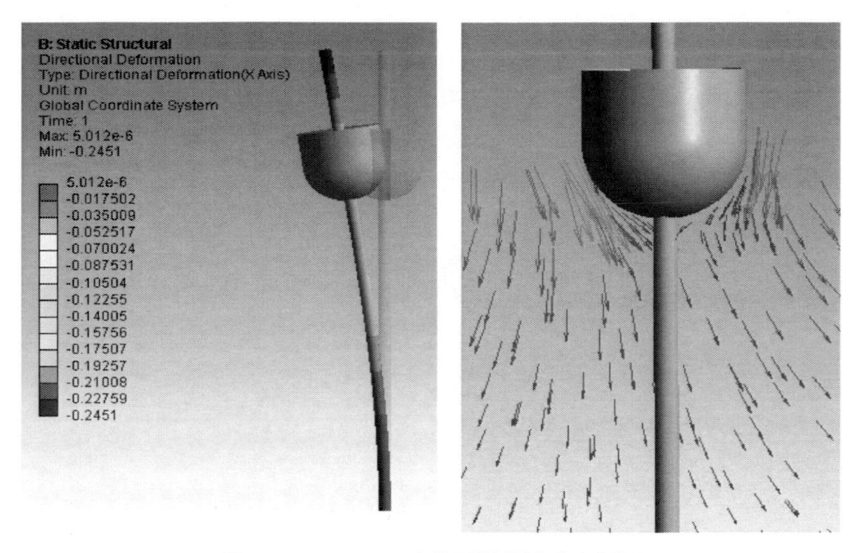

圖 6-14　18. 75s 時的形變與速度向量圖

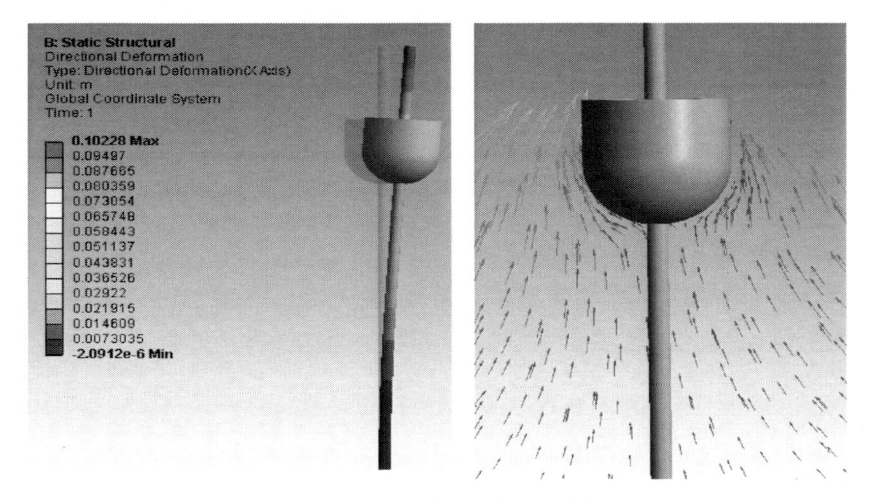

圖 6-15　22. 05s 時的形變與速度向量圖

通過不同波浪情況下的流固耦合分析，得出波浪對立柱性能的影響，爲進一步改進發電裝置結構提供了理論依據。

6.5.3 結構有限元分析

（1）底座

在海上工作時，波浪能發電站處於漂浮狀態，底座承受的負載小於在陸地進行裝配時承受的載荷。因此，按陸地工況對底座進行有限元分析。底座要承受將近 100t 的其上方裝置對它的壓力，下端固定。圖 6-16 爲應力分布圖，鋼架圓管上形變量最大約爲 0.8mm，受到的最大應力約爲 38.4MPa，並且此時已經對圓管之間的支承做了簡化，不難得出底架強度符合設計要求。

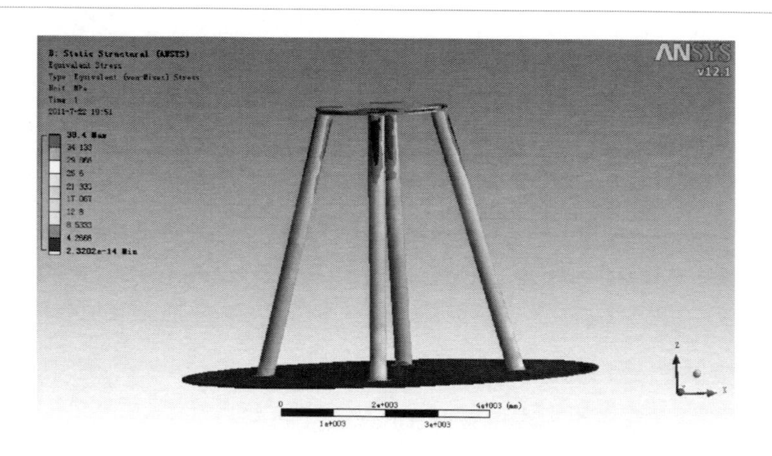

圖 6-16 底架應力分布圖

(2) 導向柱

在海上工作時，波浪能發電站處於漂浮狀態。在極限工況下，當浮體沿導向裝置上升到最高位置時，由於某種未知原因，此時突然有一大風浪對裝置產生衝擊作用，經過分析計算，可以近似簡化得到：對上部浮體的衝擊力約爲 80t，海面以下延伸 10m，此作用面上衝擊力約爲 20t。根據以上條件，按最大受力對導向柱進行分析：受到約 80t 的衝擊力，兩端固定。外徑 500mm，壁厚 34mm。

圖 6-17 所示爲導向柱應變圖，圖 6-18 所示爲導向柱應力分布圖。由圖可以看到，在極端工況下受到 80t 的衝擊力時，最大形變爲 5.3mm，最大應力爲 118MPa，符合設計要求，可以使用。

(3) 浮體

浮體分析時按極端工況下受力分析：受到約 80t 的衝擊力，一端固定。圖 6-19 所示爲浮體應變圖，圖 6-20 所示爲浮體應力分布圖。由圖可知，在極端工況下受到 80t 的衝擊力時，最大形變小於 1mm，最大應力爲 5.4MPa，具有足夠的安全性，滿足設計要求。

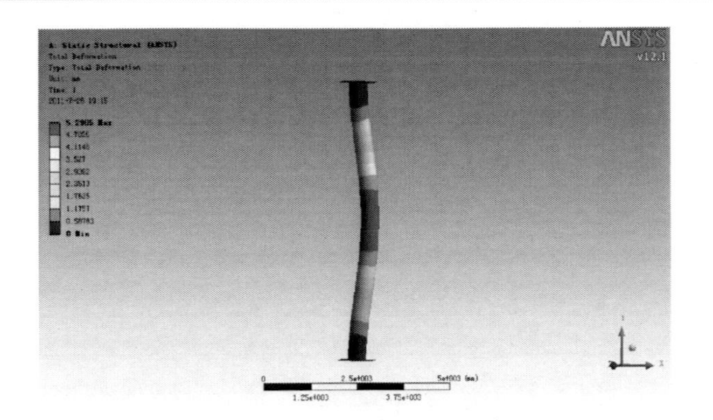

圖 6-17　導向柱應變圖

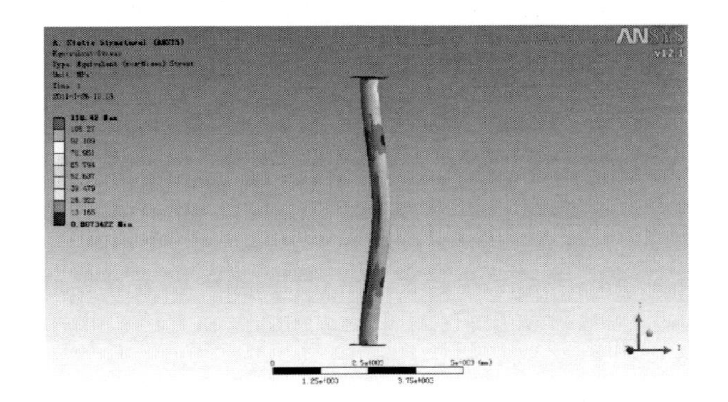

圖 6-18　導向柱應力分布圖

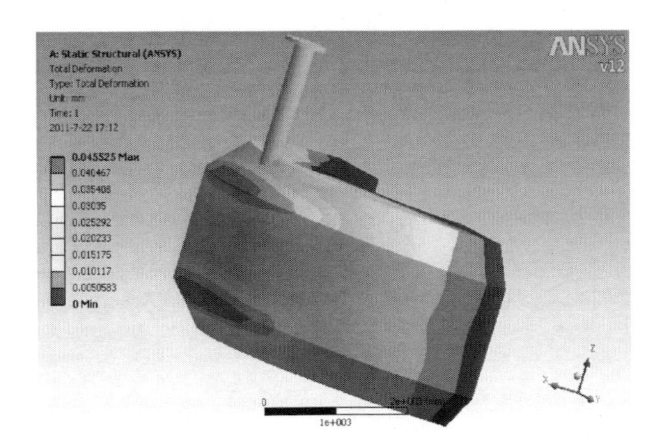

圖 6-19　浮體應變圖

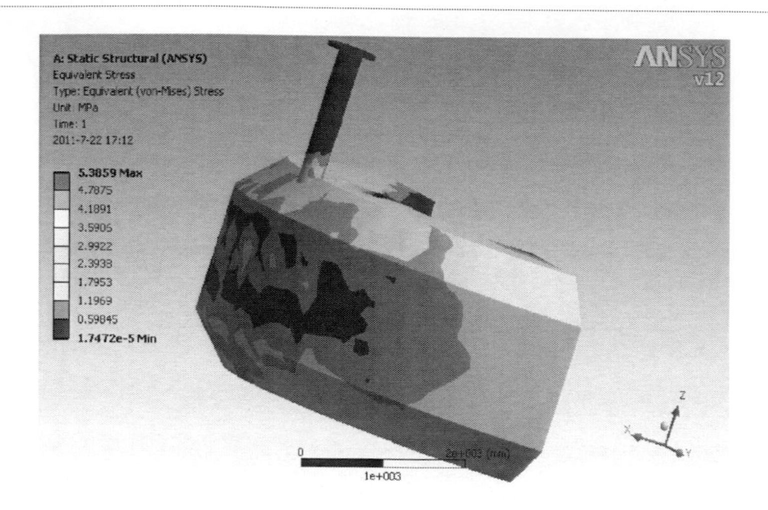

圖 6-20　浮體應力分布圖

（4）主浮筒

圖 6-21 所示爲分析時所施加的載荷及其分布位置。主浮筒壁厚爲 12mm。圖 6-22 爲主浮筒應變圖，圖 6-23 爲主浮筒應力分布圖。由圖可知，此時最大形變量約爲 0.5mm，最大應力值約爲 46MPa，兩者最大值均出現在浮筒上部。由於此時考慮導向柱的作用，主浮筒的剛性有所增強，應力值有所減小，結果符合設計要求。

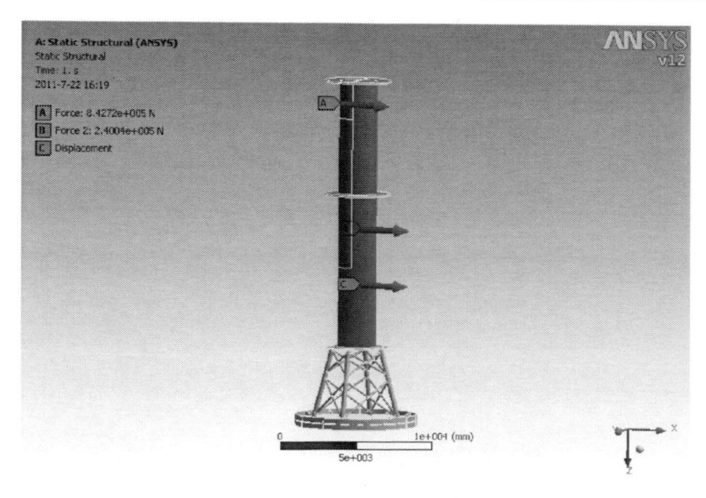

圖 6-21　主浮筒分析模型

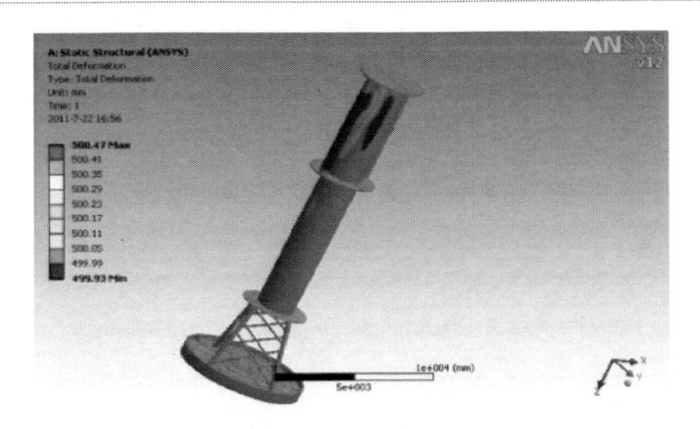

圖 6-22 主浮筒應變圖

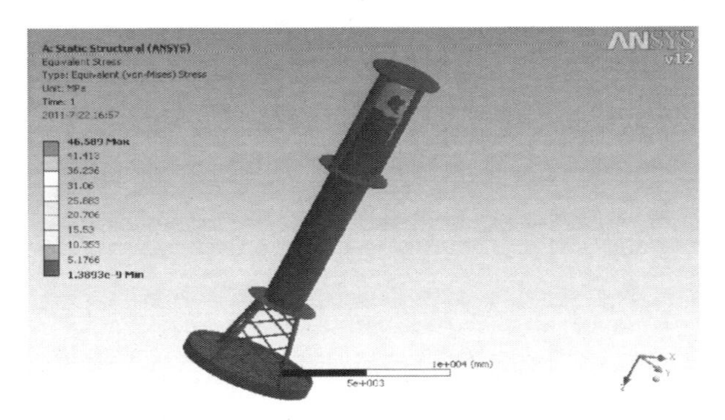

圖 6-23 主浮筒應力分布圖

6.6 比例模型試驗、發電量測試及參數修正

以現有漂浮式液壓波浪能發電裝置樣機爲原型作爲理論計算仿真的原型，裝置的主要參數如表 6-4 所示。現有海驢島附近海域的波浪資料如表 6-5、表 6-6 所示。

表 6-4 現有裝置的主體參數

部件	浮體	調節艙	發電室	主浮筒	導向柱	底架
最大直徑/mm	6000	2500	3000	9938	520	7050
最大高度/mm	1600	4040	5092	2000	7100	5378
質量/t	17.528	9.66895	8.7907	13.69	12.49	27.668

表 6-5　海驢島附近海域各向最大波高極值的分布

	方向	N	NNE	NE	ENE	E	ESE	SE	SSE
Ⅰ區	方向	N	NNE	NE	ENE	E	ESE	SE	SSE
	H_{max}/m	5.6	6.6	7.2	4.1	5.5	3.5	5.0	2.7
Ⅱ區	方向	N	NNE	NE	ENE	E	ESE	SE	SSE
	H_{max}/m	2.0	2.6	2.7	3.0	1.6	2.0	2.0	2.6
Ⅲ區	方向	N	NNE	NE	ENE	E	ESE	SE	SSE
	H_{max}/m	2.0	2.6	2.7	3.0	3.6	2.0	2.0	2.6

表 6-6　歷史波高週期聯合概率分布

T/s H/m	3	4	5	6	7	8	9	10	11	12	13	14	總和
0.25	0.0327	0.1636	0	0	0	0	0	0	0	0	0	0	0.1963
0.5	3.4347	12.267	4.9068	0.4253	0	0	0	0	0.0327	0	0	0	21.066
1	1.93	14.884	21.851	11.22	2.3553	0.4253	0.3271	0.0981	0.0327	0	0	0	53.124
1.5	0.0327	0.5561	3.5002	5.5283	3.7291	0.8832	0.3925	0.2617	0.1963	0	0	0	15.08
2	0	0.0327	0.4253	2.0281	2.2898	0.8832	0.1636	0.458	0.0981	0	0.0654	0	6.4442
2.5	0	0	0	0.3598	0.8832	0.9159	0.2290	0	0.0981	0.0654	0	0	2.5514
3	0	0	0	0	0.3925	0.3598	0.1963	0.0327	0	0	0	0.0654	1.0467
3.5	0	0	0	0	0	0.1308	0.1963	0	0	0	0	0	0.3271
4	0	0	0	0	0	0.0327	0.0654	0.0327	0	0.0327	0	0	0.1635
總和	5.4302	27.903	30.684	19.562	9.65	3.631	1.5702	0.8832	0.458	0.0981	0.0654	0.0654	100

由表可知，示範海域的波浪週期主要集中於 3～11s 範圍，對應的圓頻率爲 0.57～2.09rad/s。

（1）實驗設備

本次實驗在哈爾濱工程大學船模拖曳水池進行，如圖 6-24 所示，水池長 108m，寬 7m，水深 3.5m，水池主要設備包括以下幾部分。

① 搖板式造波機：能夠在水池生成週期 0.4～4s、最大波高 0.4m 的規則波，模擬 ITTC 單參數和雙參數譜、JONSWAP 譜、P-M 譜、實際海浪採樣譜等，有義波高可達 0.32m 的不規則波，如圖 6-25 所示。

② 消波岸：位於造波機另一端，消波效果良好。

③ 拖車：橫跨水池，用於放置測試儀器，安裝實驗模型。

④ 數據自動採集及實時分析系統。

圖 6-24 哈爾濱工程大學船模拖曳水池

圖 6-25 搖板式造波機

(2) 測量儀器

本次實驗需要測量浮筒與浮體各自的運動以及二者的相對運動、模型裝置的輸出電壓和電流。爲實現上述測量，在實驗過程中用到以下測量儀器。

① 非接觸式六自由度運動測量系統 通過攝像設備和 Qualisys Track Manager 軟體準確地記錄和分析物體實時的六自由度運動。在測量過程中，不需要接觸運動物體，通過攝像設備從兩個角度捕獲物體的運動，並通過軟體實時顯示物體的 2D、3D 和 6D 的影像資訊，通過軟體計算分析獲取物體的位移、速度和加速度等資訊。圖 6-26 所示爲系統的軟體界面。

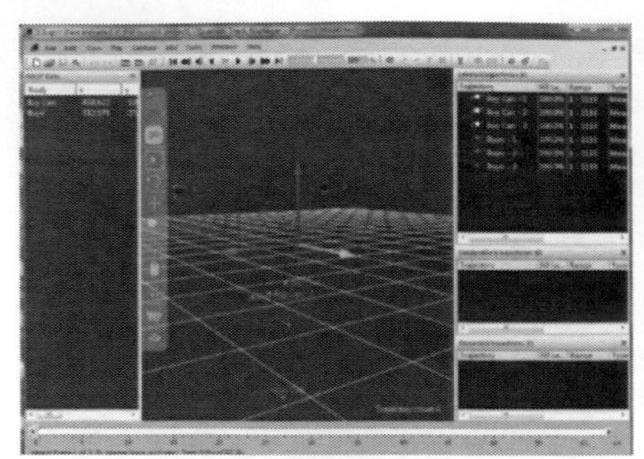

(a) 6D顯示界面

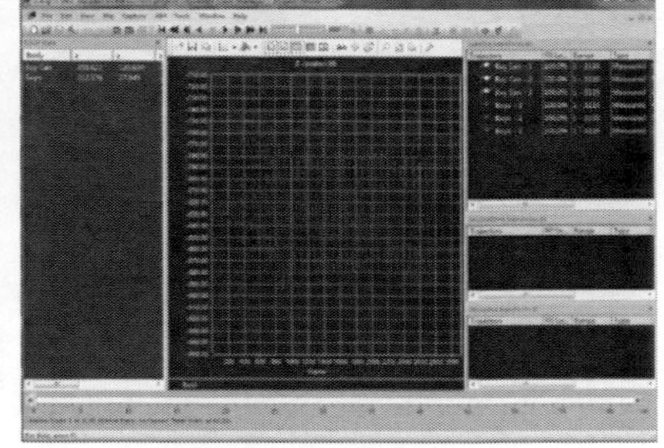

(b) 物體運動位移實時顯示界面

圖 6-26 測量系統軟體界面

② 交流/直流轉換模塊 由於發電機輸出的電流爲交流電，爲了能夠用數據採集系統採集發電機的電流和電壓，項目組開發了交流/直流轉換模塊，將交流電轉換爲直流電。

③ 浪高儀 安裝在拖車上，用於對波浪的實時測量。

④ 電阻箱 作爲發電機輸出負載。

(3) 相似準則

表 6-7 所示爲與本實驗相關的相似準則對照表，表中 λ 爲模型線性縮尺比，γ 爲海水和淡水密度之比，通常取 $\gamma=1.025$。

根據原型裝置的主尺度以及水池的尺度，本次實驗的縮尺比爲 10∶1。

表 6-7 本實驗相關的相似準則對照表

物理量	實體符號	模型符號	轉換係數
線尺度	L_s	L_m	$\frac{L_s}{L_m}=\lambda$
面積	A_s	A_m	$\frac{A_s}{A_m}=\lambda^2$
體積	∇_s	∇_m	$\frac{\nabla_s}{\nabla_m}=\lambda^3$
週期	T_s	T_m	$\frac{T_s}{T_m}=\lambda^{1/2}$
頻率	f_s	f_m	$\frac{f_s}{f_m}=\lambda^{-1/2}$
密度	ρ_s	ρ_m	$\frac{\rho_s}{\rho_m}=\gamma$
線速度	V_s	V_m	$\frac{V_s}{V_m}=\lambda^{1/2}$
線加速度	a_s	a_m	$\frac{a_s}{a_m}=1$

續表

物理量	實體符號	模型符號	轉換係數
角度	ϕ_s	ϕ_m	$\frac{\phi_s}{\phi_m}=1$
質量（排水量）	Δ_s	Δ_m	$\frac{\Delta_s}{\Delta_m}=\gamma\lambda^3$
力	F_s	F_m	$\frac{F_s}{F_m}=\gamma\lambda^3$
彈性係數（剛度）	K_s	K_m	$\frac{K_s}{K_m}=\gamma\lambda^2$

(4) 實驗模型

① 波浪的主要特徵參數　表 6-8 列出了示範海域波浪的主要特徵參數及其與模型的對照。

表 6-8　波浪主要特徵參數

參數	實型	模型
水深/m	40	3.5
1/10 波高/m	1.36	0.136
1/3 波高/m	1.12	0.112
1/10 大波平均週期/s	6.82	2.16
1/3 波平均週期/s	5.99	1.89
平均波高/m	0.84	0.084
平均週期/s	4.94	1.56
波高範圍/m	0.25～4	0.025～0.4
週期範圍/s	2～14	0.63～4.42

② 模型製作　根據理論分析和初步優化的結果設計實驗模型，模型的主體參數及其與實型的對照如表 6-9 所示，根據表中的參數設計圖紙並製作模型。

表 6-9　模型參數

參數名稱	實型	模型
裝置總高度/m	24.6	2.46
浮體最大直徑/m	6	0.6
	7.5	0.75
浮筒最大直徑/m	3	0.3
係泊線長度/m		2.1
浮筒、阻尼板及內部機構總質量/kg	77798	75.9
浮筒排水量/kg	127100	124

續表

参數名稱	實型	模型
浮筒水上部分高度/m	3.5	0.35
浮筒水下部分高度/m	21	2.1
浮筒底部距池底的距離/m		1.4
係泊剛度/(N/m)	8400	84
裝機容量/kW	110	0.011

a. 浮筒。實驗中僅設計了一個浮筒模型，其結構和尺寸按照山東大學 120kW 漂浮式海浪發電站的浮筒結構而設計，實驗的尺寸爲原型尺寸的 1/10。浮筒、底架以及內部機構的總質量設計爲 75.9kg，按照相似準則，原型裝置的總質量爲 77798kg。

b. 浮體。實驗將測試浮體的尺寸和質量對裝置能量輸出的影響，因此設計了兩種尺寸的浮體模型，分別爲 0.6m 和 0.75m，本次實驗製作了直徑 0.6m 的浮體模型，0.75m 的浮體模型通過製作環形柱體並將其套於 0.6m 的浮體上來實現，浮體設計爲中空的形式，通過向浮體中添加壓載來改變浮體的質量。

c. 係泊系統。本次實驗主要測試係泊系統的剛度對裝置能量輸出的影響，因此係泊系統利用尼龍線來代替實際的錨鏈，採用張緊式係泊方式，利用彈簧模擬錨鏈的剛度。

d. 發電機。發電機採用三相直線電機，電機的輸出電流通過交/直流轉化模塊轉化爲直流電輸出到數據採集系統，電機的額定功率爲 120W。

圖 6-27 和圖 6-28 所示爲模型和電機的照片。

圖 6-27　模型照片

圖 6-28　電機照片

（5）模型安裝

① 模型布置　模型布置於水池中間位置，模型中心距離池壁各3.5m，採用三點張緊式係泊方式，在模型端係泊線通過底部垂蕩板的小孔固定於垂蕩板上，呈等邊三角形分布，係泊線與豎直方向的夾角爲45°，具體參數如表6-10所示。

表6-10　模型初始布置參數

參數名稱	數值
浮筒水下部分長度/m	2.1
浮筒水上部分長度/m	0.36
係泊線總長度/m	1.98
係泊線與垂直方向夾角	45°
浮筒壓載重量/kg	41
浮體壓載重量/kg	0、1.5、3、4.5
模型中心距池壁的距離/m	3.5
係泊線預張力/N	90.7
單個係點重塊重量(3個係點)/kg	100

圖6-29所示爲係點在水池池底的分布圖。

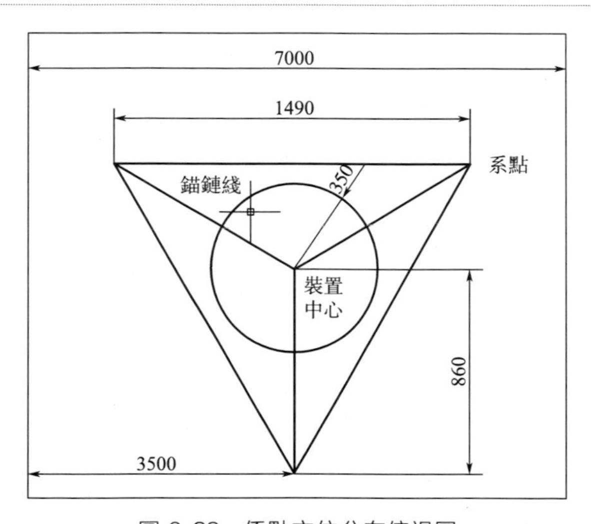

圖6-29　係點方位分布俯視圖

② 無鏈浮態調整　浮筒在靜水狀態排水量爲124kg，因此，在無鏈狀態下，浮筒的質量應達到124kg。浮筒模型、底架以及電機的總質量爲

34.9kg，需往浮筒內添加 89.1kg 的壓載，使浮筒保持預設的浮態，然後連接係泊線，待係泊線連接完成之後取出多餘的壓載，調節係泊線的預張力，使浮筒的浮態達到設計要求。

③ 係泊線連接　係泊線用尼龍繩代替，彈簧模擬錨鏈的剛度，利用拉力傳感器測量錨鏈力，係泊線一端係於模型的底架，另一端通過 100kg 的砝碼固定於水池底部，係點的分布如圖 6-29 所示，係泊線、彈簧以及拉力傳感器的連接方式如圖 6-30 所示。砝碼上另外係 4.2m 長的線以調整砝碼的位置。

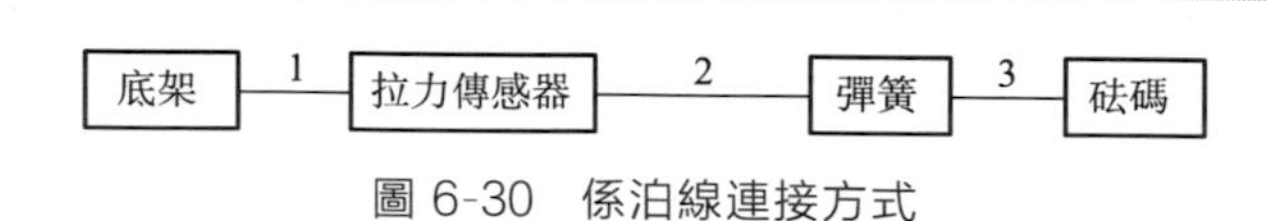

圖 6-30　係泊線連接方式

圖 6-30 中的數字表示各段係泊線的標號，係泊線長度及彈簧剛度以及與張力的參數如表 6-11 所示。

表 6-11　係泊線各段長度

參數名稱	參數值
1 號線長度/m	0.2
2 號線長度/m	0.82
3 號線長度/m	0.35
彈簧長度/m	0.61
總長度/m	1.98
彈簧剛度/(N/m)	84
預張力/N	90.7

模型安裝完畢之後的照片如圖 6-31 所示。

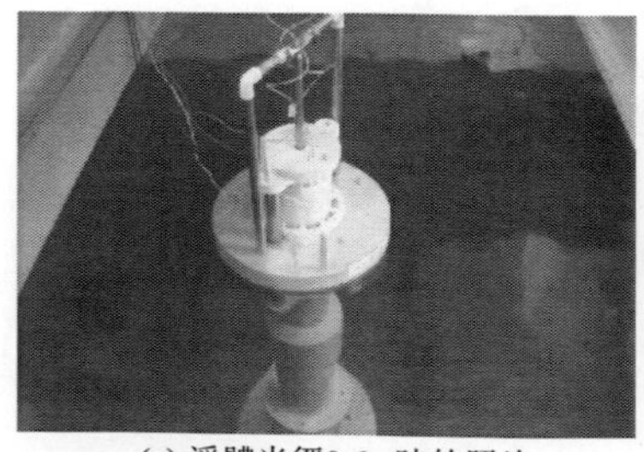

(a) 浮體半徑0.6m時的照片

(b) 側面照片

(c) 浮體半徑0.75m時的照片

圖 6-31　模型安裝完成之後的照片

(6) 實驗工況

① 波浪條件　波高和週期如表 6-12 和表 6-13 所示。

表 6-12　波高

類型	波高		
	編號	模型參數/m	實型參數/m
規則波	1	0.08	0.8
	2	0.12	1.2
不規則波(JONSWAP 譜)	1	0.112	1.12

表 6-13　波浪週期

類型	週期		
	編號	模型參數/s	實型參數/s
規則波	1	0.8	2.5
	2	1	3.2
	3	1.2	3.8
	4	1.4	4.4
	5	1.6	5.1
	6	1.8	5.7
	7	2.0	6.3
	8	2.2	7.0
	9	2.4	7.6
	10	2.6	8.2
	11	2.8	8.9
	12	3.0	9.5
不規則波(JONSWAP 譜)	1	1.89	5.99

② 模型参數設置　如表 6-14 所示。

表 6-14　模型参數設置

<table>
<tr><th colspan="2">浮體直徑/m</th><th colspan="2">浮體質量/kg</th><th colspan="2">浮筒質量/kg</th><th colspan="2">垂蕩板直徑/m</th><th colspan="2">電阻</th></tr>
<tr><th>模型</th><th>實型</th><th>模型</th><th>實型</th><th>模型</th><th>實型</th><th>模型</th><th>實型</th><th>編號</th><th>阻值/Ω</th></tr>
<tr><td rowspan="8">0.6</td><td rowspan="8">6</td><td rowspan="5">11.25</td><td rowspan="5">11531</td><td rowspan="5">75.9</td><td rowspan="5">77797</td><td rowspan="5">0.705</td><td rowspan="5">7.05</td><td>1</td><td>10</td></tr>
<tr><td>2</td><td>20</td></tr>
<tr><td>3</td><td>50</td></tr>
<tr><td>4</td><td>100</td></tr>
<tr><td>5</td><td>500</td></tr>
<tr><td>12.75</td><td>13069</td><td>75.9</td><td>77797</td><td>0.705</td><td>7.05</td><td>1</td><td>50</td></tr>
<tr><td>14.25</td><td>14606</td><td>75.9</td><td>77797</td><td>0.705</td><td>7.05</td><td>1</td><td>50</td></tr>
<tr><td>15.75</td><td>16144</td><td>75.9</td><td>77797</td><td>0.705</td><td>7.05</td><td>1</td><td>50</td></tr>
<tr><td rowspan="4">0.75</td><td rowspan="4">7.5</td><td rowspan="4">19.6</td><td rowspan="4">20090</td><td rowspan="4">75.9</td><td rowspan="4">77797</td><td rowspan="4">0.705</td><td rowspan="4">7.05</td><td>1</td><td>10</td></tr>
<tr><td>2</td><td>20</td></tr>
<tr><td>3</td><td>50</td></tr>
<tr><td>4</td><td>100</td></tr>
</table>

(7) 實驗過程與數據分析

本次實驗主要包括規則波實驗和不規則波實驗，測量的物理量包括浮體與浮筒的運動、模型裝置的輸出電壓和電流並計算輸出功率。通過規則波實驗研究波高和週期對浮體與浮筒運動、能量輸出的影響規律，通過不規則波實驗研究裝置在隨機海況下的運動與能量輸出。

① 實驗數據採集

a. 浮體與浮筒的運動。在浮筒與浮體上各安裝三個光球，各個球分別安裝在不同高度位置，利用兩個不同角度的高精度攝像設備捕捉光點的位置並通過線纜傳輸到安裝有 Qualisys Track Manager 軟體的電腦，軟體以浮筒和浮體的中心位置爲隨體座標系的原點，分别建立兩個空間直角座標系，軟體實時記錄光點的位置並通過分析將其轉化爲坐標，依此來描述浮筒和浮體的運動情況。圖 6-32 所示爲安裝於模型上的光球。

b. 輸出電壓與電流。實驗採用的發電機爲三相交流直線電機，採用數據採集系統採集電壓和電流，由於數據採集系統只能採集直流電，因此在進行電壓電流的採集之前使用交/直流轉換模塊將三相交流電轉換爲直流電，然後連接電阻，利用數據採集系統硬體［見圖 6-33(a)］採集電阻兩端的電壓和流經電阻的電流，利用數據採集系統軟體［見圖 6-33(b)］實時顯示和記錄電壓和電流。

圖 6-32 安裝於模型上的光球

(a) 數據採集系統硬體

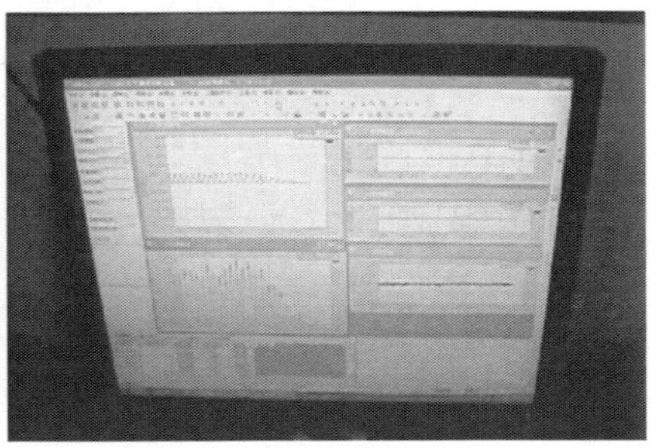

(b) 數據採集系統軟體界面

圖 6-33 數據採集系統

② 數據分析

a. 波高對浮體和浮筒運動的影響。其他參數保持不變，比較波高爲 0.08m 和 0.12m 時浮筒與浮體的位移情況。這裏不變參數如表 6-15 所示。從圖 6-34 可以看出，係泊狀態下，浮筒的運動呈不規則的振盪，振幅較小，以 0.08m 波高爲例，浮筒的平均振幅約爲 8mm，爲波高的 1/10，當波高變爲 0.12m 時，浮筒的平均振幅也有微小的增加，約爲 12mm。

表 6-15 不變參數

浮體半徑/m	浮體質量/kg	週期/s	電阻/Ω
0.6	11.25	1.4	50

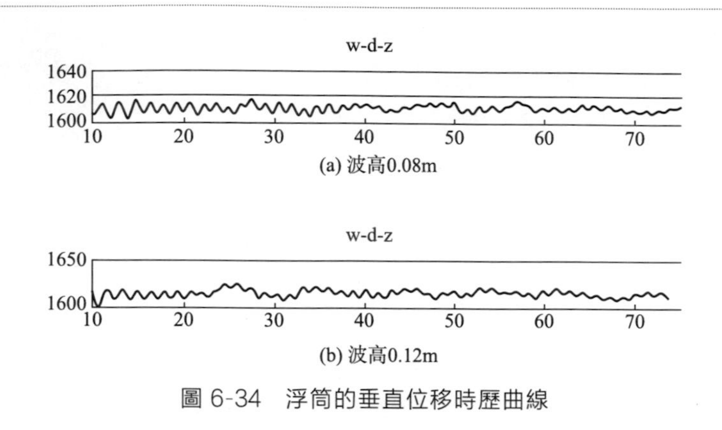

(a) 波高0.08m

(b) 波高0.12m

圖 6-34 浮筒的垂直位移時歷曲線

從圖 6-35 可以看出，由於浮體受到浮筒的約束而只有單自由度運動，其位移時歷曲線呈現比較規則的運動，整體上來說與波浪的振動趨勢相似。當波高爲 0.08m 時，浮體的平均位移振幅約爲 0.06m，當波高爲 0.12m 時，浮體的平均位移振幅約爲 0.09m，綜合兩種情況，浮體的位移振幅約爲波高的 3/4，遠大於浮筒的位移振幅，浮體與浮筒具有較大的相對運動，隨著波高增加，二者的相對運動振幅也相應地增加（圖 6-36 所示爲兩種波高條件下浮筒與浮體的相對位移和相對速度），這説明通過錨泊定位的漂浮式波浪能發電裝置具有一定的發電能力，而且隨著波高的增加，發電能力逐漸增強。

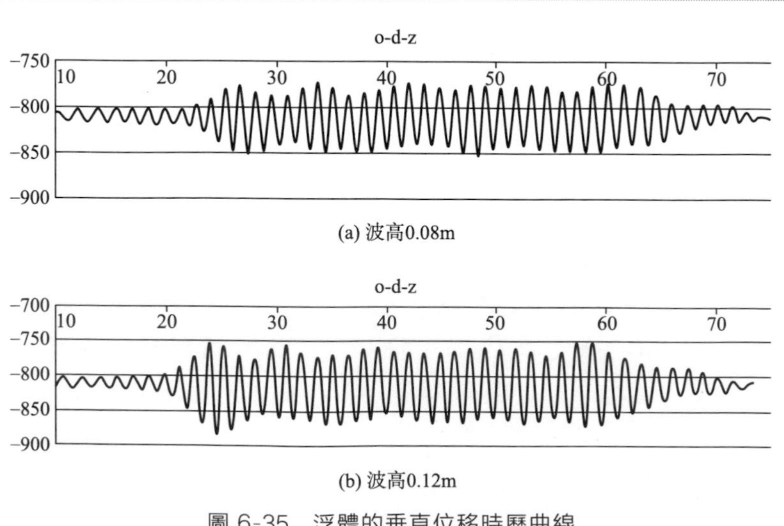

(a) 波高0.08m

(b) 波高0.12m

圖 6-35 浮體的垂直位移時歷曲線

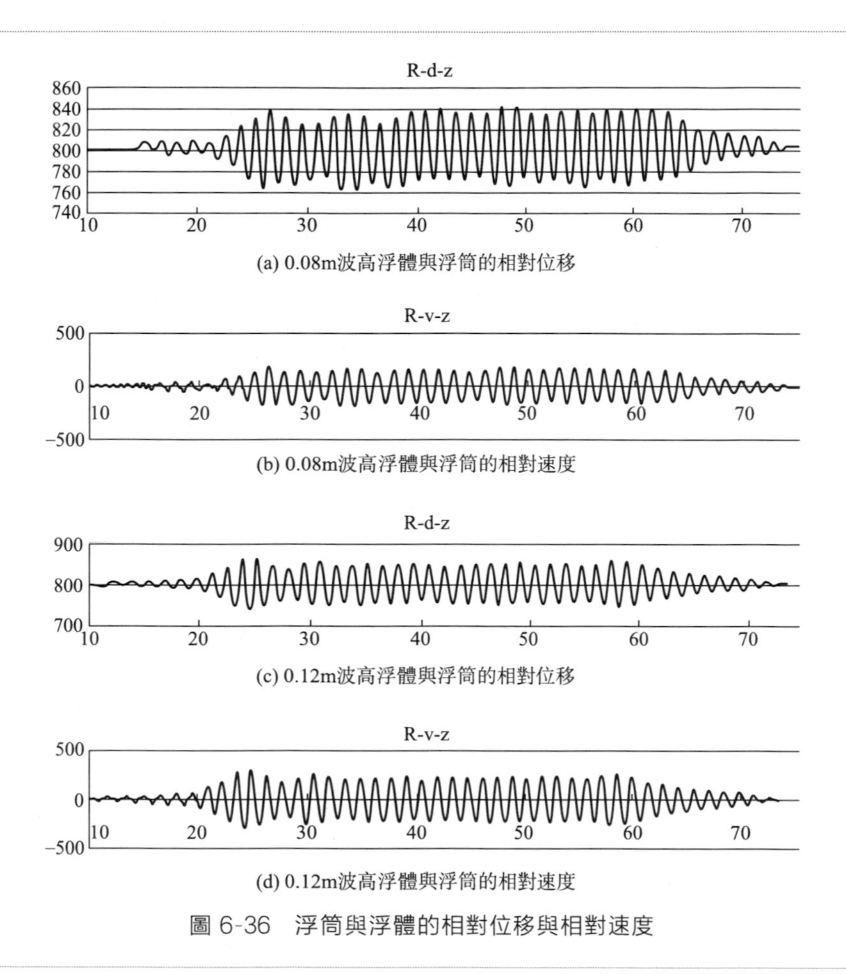

(a) 0.08m波高浮體與浮筒的相對位移

(b) 0.08m波高浮體與浮筒的相對速度

(c) 0.12m波高浮體與浮筒的相對位移

(d) 0.12m波高浮體與浮筒的相對速度

圖 6-36　浮筒與浮體的相對位移與相對速度

b. 波高對能量輸出的影響。下面分析其他條件不變，波高改變時模型裝置能量輸出的變化情況。這裏針對直徑 0.06m、重 11.25kg 的浮體進行實驗，爲了更全面地瞭解波高的影響，在多種週期條件下分析波高對能量輸出的影響。圖 6-37 所示爲兩種波高條件下裝置的功率曲線和效率曲線。

從圖 6-37 可以看出，在高頻部分（即週期較小的區域，低於 1.4s），波高較大時其能量轉化效率遠高於波高較小的條件，而在低頻部分（即週期較大的區域，高於 1.4s），波高較大時，裝置的輸出功率略高，而其轉換效率略有降低。從圖中可以看出，週期在 0.8～2.0s 是裝置吸收能量的主要範圍，它對應實際海域的 2.5～6.3s，在這一範圍之內，波高越高，裝置的輸出功率越高，能量轉換效率也越高。

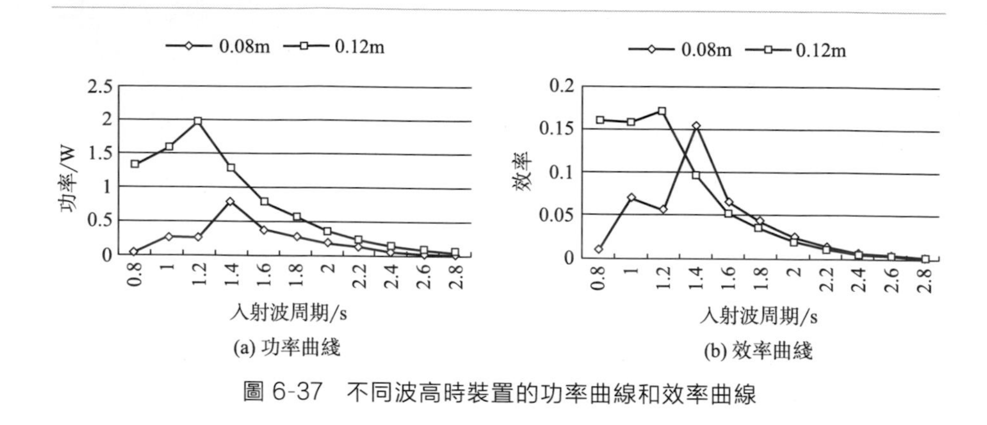

(a) 功率曲綫　(b) 效率曲綫

圖 6-37　不同波高時裝置的功率曲線和效率曲線

c. 浮體的質量對浮筒與浮體的運動影響。由理論分析可知，在浮體和浮筒直徑不變的條件下，浮體與浮筒質量的比值對裝置的能量輸出具有一定的影響。爲了研究該影響規律，實驗中通過向浮體中添加不同質量的壓載來改變浮體的質量，進而比較不同質量比的條件下浮筒與浮體的運動規律以及裝置的能量輸出規律。表 6-16 和表 6-17 分別爲實驗的不變參數和可變參數。

表 6-16　不變參數

浮筒質量/kg	波浪週期/s	波高/m	電阻/Ω
75.9	0.8～3.0	0.12	50

表 6-17　可變參數

浮體質量/kg	11.25	12.75	14.25	15.75
質量比	0.148	0.168	0.188	0.208

當浮體的質量不同，入射波週期爲 1.4s 時浮筒的運動位移的時歷曲線如圖 6-38 所示。可以看出，改變浮體的質量，浮筒的垂直位移有非常微小的改變，這是由於當浮體質量增加時，浮體的運動發生改變，導致電動機的電磁阻尼增加，電磁阻尼作用於浮筒增加了浮筒的垂向位移振幅。由於波浪阻尼的作用，使得浮筒位移振幅的增加幅度非常小。

接下來分析浮體質量增加時，浮筒與浮體相對位移的變化情況。由圖 6-39 可以看出，當浮體的質量改變時，浮體與浮筒的相對位移振幅的改變非常微小，幾乎沒有變化。這説明，改變浮體的質量不會影響浮體的行程。

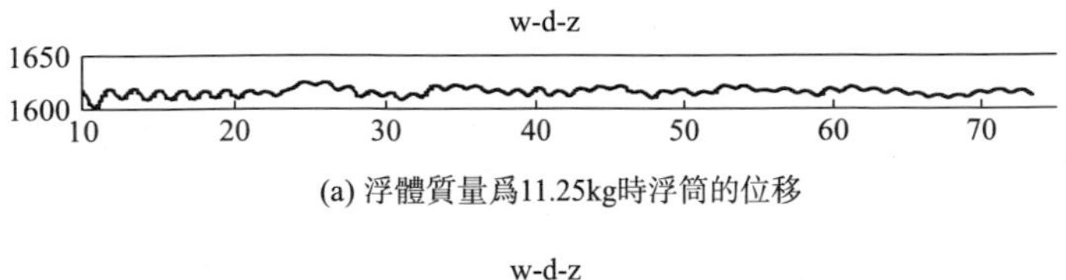

(a) 浮體質量爲11.25kg時浮筒的位移

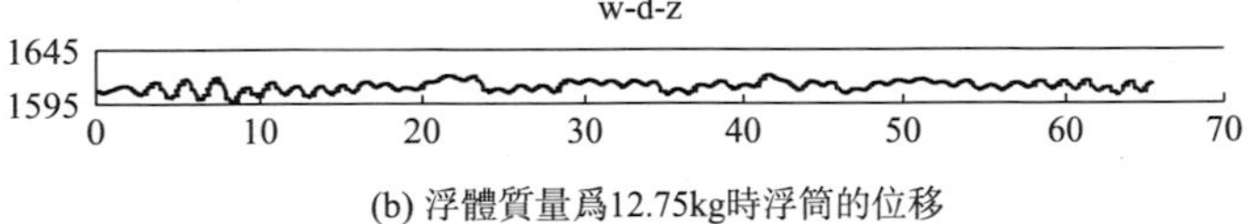

(b) 浮體質量爲12.75kg時浮筒的位移

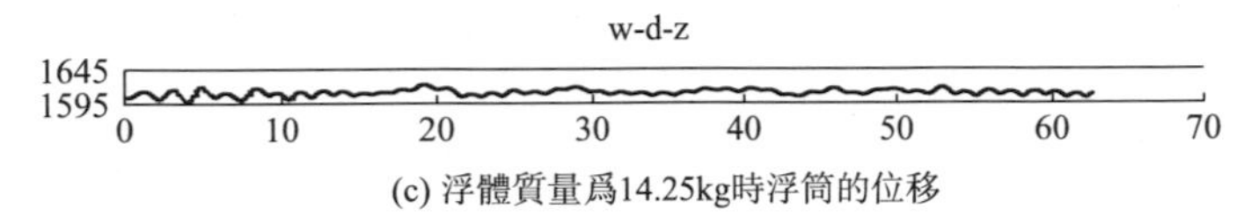

(c) 浮體質量爲14.25kg時浮筒的位移

圖 6-38 浮體質量不同時浮筒位移

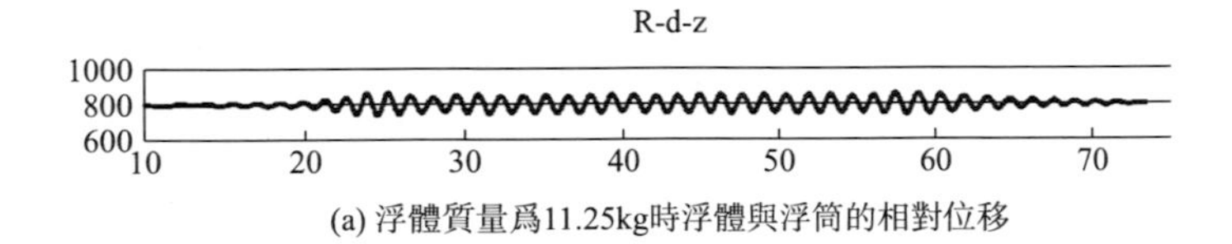

(a) 浮體質量爲11.25kg時浮體與浮筒的相對位移

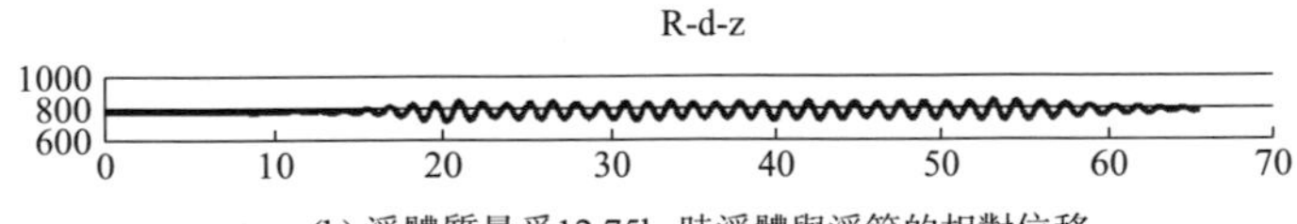

(b) 浮體質量爲12.75kg時浮體與浮筒的相對位移

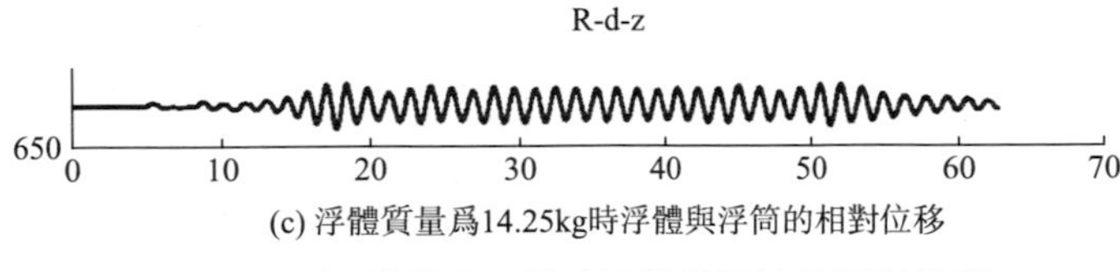

(c) 浮體質量爲14.25kg時浮體與浮筒的相對位移

圖 6-39 浮體質量不同時浮體與浮筒的相對位移

下面分析二者相對速度的變化情況。由圖 6-40 可知，在一定範圍內當浮體質量不同時，浮體與浮筒的相對速度的幅值改變非常微小，幾乎沒有變化，整體上略高於 0.2m/s，但浮體質量不同會導致浮體速度相同的情況下，其能量不同，質量越大，吸收的波浪能量越大。

d. 浮體質量對模型裝置能量輸出的影響。針對直徑 0.06m 的浮體進行實驗，波高爲 0.12m，電阻爲 50Ω。圖 6-41 所示爲不同浮體質量條件下裝置的功率曲線和效率曲線。

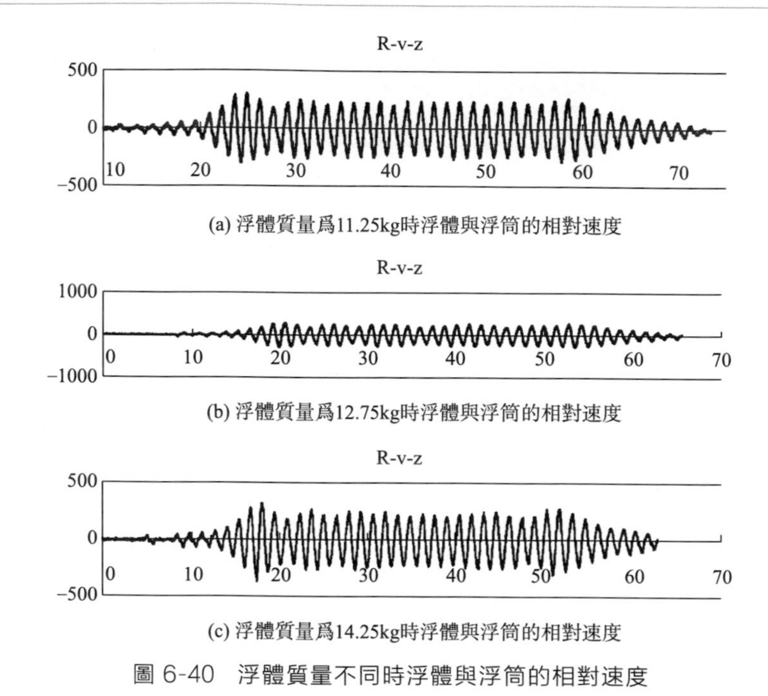

(a) 浮體質量爲11.25kg時浮體與浮筒的相對速度

(b) 浮體質量爲12.75kg時浮體與浮筒的相對速度

(c) 浮體質量爲14.25kg時浮體與浮筒的相對速度

圖 6-40 浮體質量不同時浮體與浮筒的相對速度

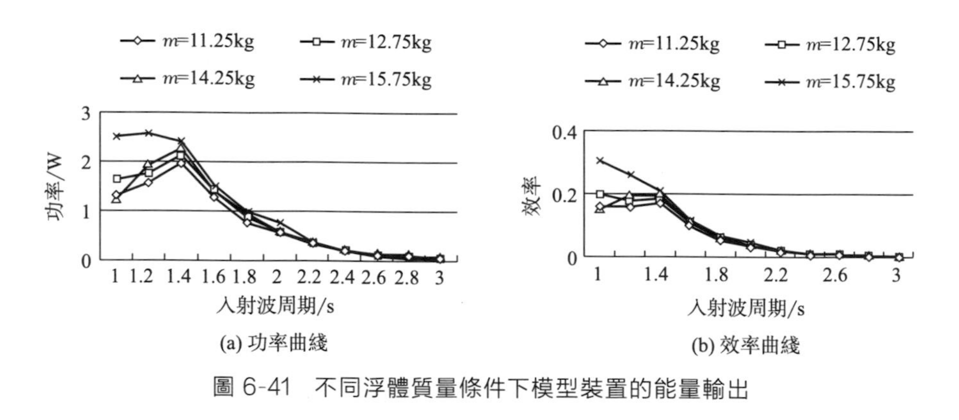

(a) 功率曲綫　(b) 效率曲綫

圖 6-41 不同浮體質量條件下模型裝置的能量輸出

由圖 6-41 可看出，在入射波週期小於 1.4s 時，質量的改變對模型裝置的能量輸出具有較明顯的影響，尤其在 1.4s 週期附近，在 11.25～15.75kg 的浮體質量範圍內，隨著浮體質量的增加，裝置的輸出功率和效率增加，能量轉換效率一般可達到 20%左右，當浮體質量爲 15.75kg 時，模型裝置的能量轉換效率最高達到 30%，具有較高的轉換效率。通過縮尺比換算，實驗中轉換效率在 10%以上的入射波週期爲 1.0～1.6s，它所對應的原型的週期爲 3.16～5.06s，爲示範海域波浪週期出現概率較大的範圍，對於原型裝置的設計具有實際的指導意義。

e. 電磁阻尼對能量輸出的影響。實驗中通過調節電阻阻值來改變電機的電磁阻尼，經過測試，外接電阻越大，阻尼越小。下面針對相同的浮體以及波高分析電磁阻尼對裝置能量輸出的影響，表 6-18 和表 6-19 分別爲不變參數和可變參數，圖 6-42 所示爲電磁阻尼不同時裝置的能量輸出。

表 6-18　不變參數

浮體直徑/m	浮體質量/kg	波高/m
0.6	11.25	0.12

表 6-19　可變參數

序號	1	2	3	4	5
電阻/Ω	10	20	50	100	500

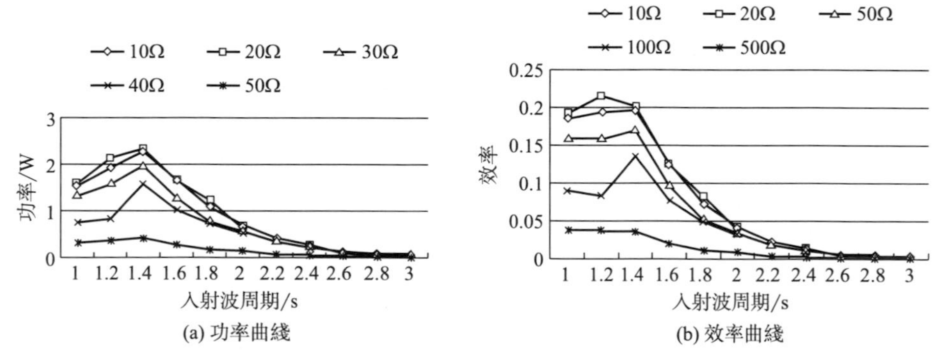

(a) 功率曲綫　(b) 效率曲綫

圖 6-42　不同電磁阻尼作用下模型裝置的能量輸出

由圖 6-42 可以看出，當入射波週期從 1～3s 時，在給定的電阻範圍之內，裝置輸出功率的最大值點皆爲 1.4s 週期，在 500～20Ω 範圍內，隨著電阻減小（即發電機的電磁阻尼增加），裝置的輸出功率增加，而當電阻繼續減小至 10Ω（即電磁阻尼繼續增加）時，裝置的輸出功率不再增加，而是開始減小。根據理論分析的結果，發電機電磁阻尼是影響裝置輸出功率的重要因素，如果裝置的其他參數不變，在不同入射波頻率條件下，存在與該頻率相對應的最佳阻尼。從實驗結果可以看出，在該模型的參數條件下，電阻爲 20Ω 時所對應的電磁阻尼爲實驗週期範圍內輸出功率相對較高的阻尼值。

f. 浮子形狀及半徑對浮筒與浮體運動的影響。根據理論計算及優化的結果，設計了兩種半徑的浮體，分別爲 0.6m 和 0.75m，其所對應的原型裝置的尺寸分別爲 6m 和 7.5m。根據理論分析及上述實驗結果，可知對於半徑爲 0.6m 的浮體，當浮體質量爲 15.75kg 時，裝置的整體能量轉換效率最高。採用相同的材料，對於半徑爲 0.75m 的浮體，質量爲 19.31kg。兩種浮體模型與原型尺寸和質量如表 6-20 所示。

表 6-20 浮體結構尺寸及質量

項目	模型					實型				
	上底面半徑/m	下底面半徑/m	圓柱高度/m	總高度/m	質量/kg	上底面半徑/m	下底面半徑/m	圓柱高度/m	總高度/m	質量/kg
浮體 1	0.6	0.5	0.11	0.16	15.75	6	5	1.1	1.6	16143
浮體 2	0.75	0.63	0.11	0.16	19.31	7.5	6.3	1.1	1.6	19796

首先分析在 1.4s 週期條件下，分別採用兩種浮體時，模型裝置的浮筒與浮體的相對運動情況，結果如圖 6-43 所示。

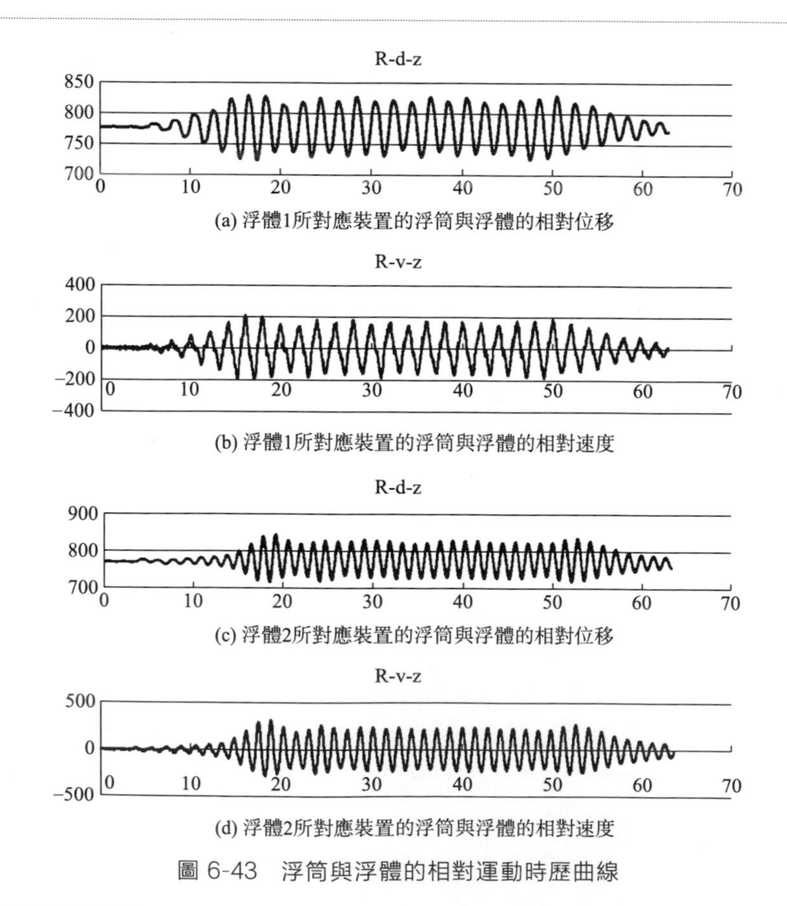

(a) 浮體1所對應裝置的浮筒與浮體的相對位移

(b) 浮體1所對應裝置的浮筒與浮體的相對速度

(c) 浮體2所對應裝置的浮筒與浮體的相對位移

(d) 浮體2所對應裝置的浮筒與浮體的相對速度

圖 6-43 浮筒與浮體的相對運動時歷曲線

比較上述兩種浮體的運動情況可知，雖然浮體 2 的質量比浮體 1 的質量大，在波浪條件相同的情況下，浮體 2 的運動位移和速度的振幅皆比浮體 1 大，這是因爲，浮體 2 的直徑較大，導致其水線面積較大，因此作用於浮體 2 的波浪力和靜水回復力也比較大，而且波浪力和靜水回復力的增幅比質量的增幅更大，導致第二種情況下浮筒與浮體相對運動的加速度比第一種情況更大。從該實驗結果可以看出，第二種情況下，浮體的功率更大。下面從能量輸出的角度比較兩種情況下的能量轉換特性。

g. 浮子形狀及半徑對輸出功率的影響。圖 6-44 所示爲模型裝置分別採用前面所述的兩種浮體時，裝置的輸出功率隨入射波週期變化的曲線以及轉換效率隨週期變化的曲線。

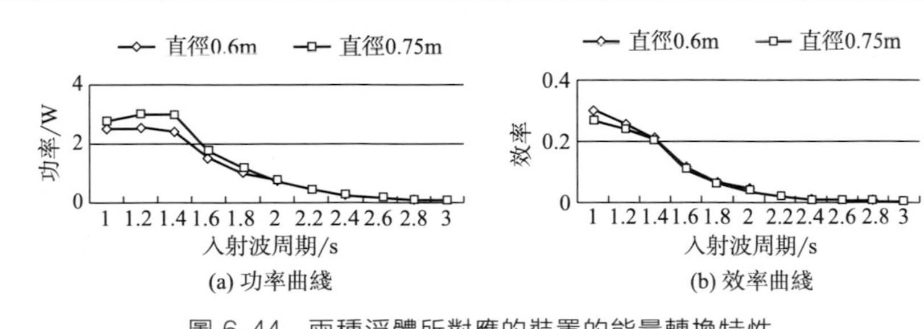

(a) 功率曲綫　(b) 效率曲綫

圖 6-44　兩種浮體所對應的裝置的能量轉換特性

根據實驗結果比較，採用半徑 0.75m 的浮體時裝置的能量轉換效率略低於採用半徑爲 0.6m 的浮體，但是由於浮體直徑增加，裝置的俘獲寬度也相應地增加，當能流密度相同時，裝置寬度內的入射波能量更高，從而出現了圖 6-44（a）的結果，安裝浮體 2 的裝置其輸出功率更高。根據成山頭海域的波浪資料，該海域在 11、12 和 1 月份的能流密度最大，約爲 7kW/m。

h. 啓動工況。爲了研究裝置啓動工況，針對 0.75m 浮體半徑的模型，實驗中選擇能量轉換效率較高的波浪週期 1.4s（對應原型的週期爲 4.4s），分別在 0.03m 和 0.04m 的波高下進行啓動工況實驗。圖 6-45 所示爲裝置分別在 0.02m 和 0.04m 波高條件下的運動和能量轉換情況。

從實驗結果來看，當波高爲 0.02m，週期爲 1.4s 時，浮體與浮筒的最大相對位移爲 1cm，裝置的輸出功率約爲 0.00034W，轉換效率非常低，約爲 0.06%，當波高爲 0.04m 時，浮體與浮筒的最大相對位移爲 3cm，裝置的輸出功率約爲 0.061W，轉換效率約爲 2.9%，約爲 0.02m 波高時的效率的 48 倍，具備了一定的發電能力。

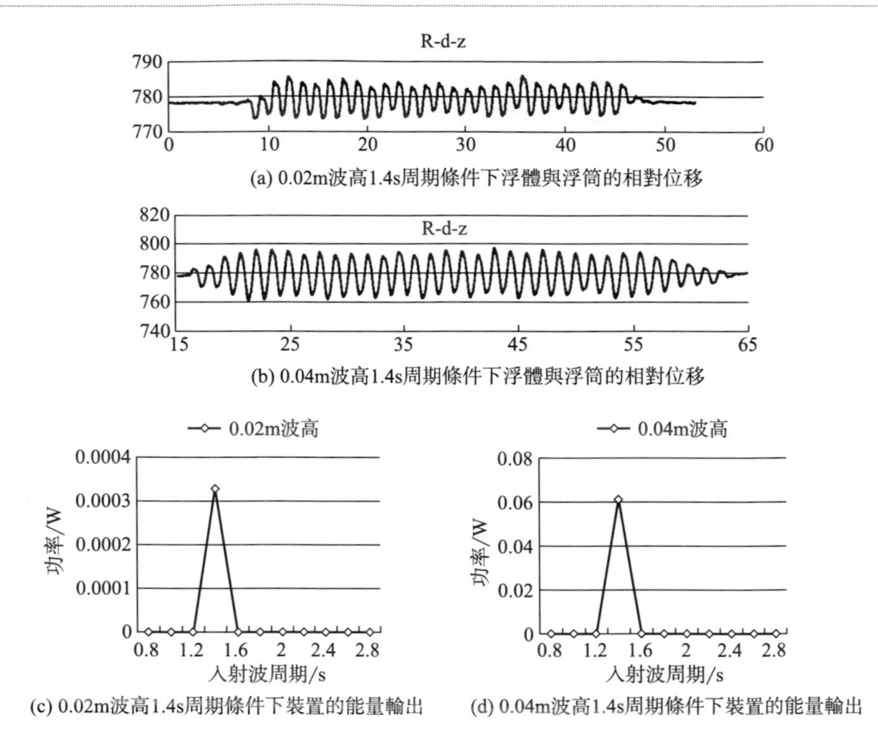

圖 6-45 0.02m 和 0.04m 波高條件下的運動和能量轉換情況

（8）總結

漂浮式波浪能發電裝置是一個具有複雜結構的點吸式發電系統，它由浮體、浮筒以及錨泊系統構成，三者的運動相互耦合。在線性假設條件下，結合理論分析、數值計算以及模型實驗對裝置的水動力性能進行分析與優化，通過分析和實驗，得到如下結論。

① 漂浮式波浪能發電裝置的能量轉換特性受到多方面因素的影響，包括液壓系統的阻尼、錨泊系統的剛度、波浪的波高、波浪週期、浮體與浮筒質量的比例關係、浮體的直徑等。

② 對同一裝置而言，週期相同，波高越高，裝置的能量轉換效率越高；波高相同，裝置的能量轉換效率隨波浪的週期呈先遞增後遞減的變化趨勢，在某一週期附近，裝置的轉換效率最高。從實驗可知，本實驗模型在波浪週期爲 1.4s 左右時，其能量轉換效率最高，轉化爲實型裝置對應的週期爲 4.4s，與海驢島海域的譜峰週期一致，符合實際需要。

③ 浮體質量與浮筒質量的比值對裝置的能量輸出具有影響，根據理論分析，當浮體質量與浮筒質量的比值約爲 0.14 時，裝置的能量輸出最大。

由於該理論分析基於線性假設條件，並且只考慮浮體與浮筒的垂蕩運動，没有考慮浮筒的横搖和縱搖，因此，該比值與實際情況具有一定的偏差，實驗表明該比值爲 0.2 左右時，裝置的能量轉換效率較其他情況更大。

④ 發電機的電磁阻尼或液壓系統的阻尼也是裝置能量轉換效率的一個重要影響因素，根據理論計算，同一裝置在不同的波浪週期下具有一個對應的最佳阻尼，在實際海洋環境中，根據實際海域的波能譜曲線來確定液壓系統的阻尼範圍。

⑤ 錨泊系統的剛度亦爲裝置能量轉換特性的影響因素之一，根據理論分析結果，本實驗採用 84N/m 的彈簧模擬錨鏈的剛度，裝置具有較好的運動性能。根據縮尺比，轉換爲實型，錨鏈的剛度爲 8400N/m。

⑥ 根據實驗結果，浮體的設計可以優化爲 7.5m 直徑。

⑦ 在小波高條件下，裝置的轉換效率非常低，實驗中模型裝置的啓動波高爲 0.04m。

6.7 仿真模擬試驗及參數修正

6.7.1 測試設備與儀器

爲了能夠在陸地上實時監控波浪能發電系統的運行情況，開發了波浪能發電無線測控系統，如圖 6-46～圖 6-50 所示。實驗過程中利用車間行車配合作業，如圖 6-51 所示。

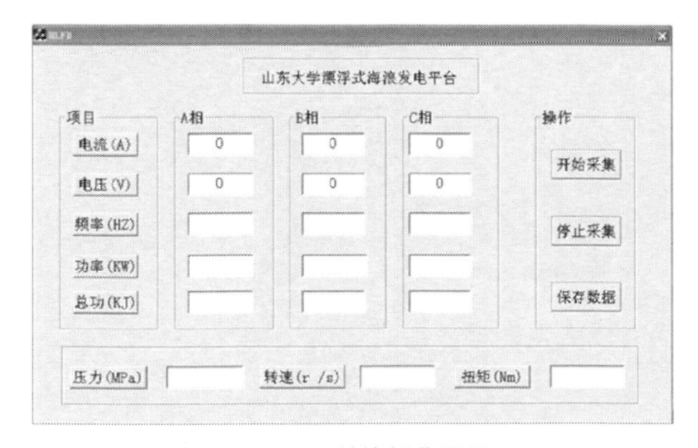

圖 6-46 數據採集界面

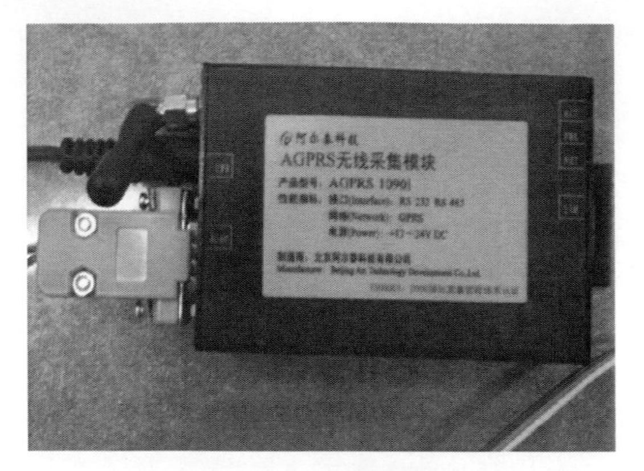

圖 6-47 AGPRS 模塊

圖 6-48 GSM 卡

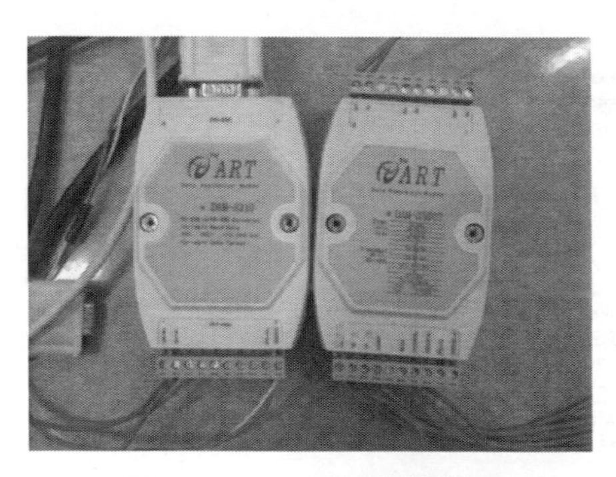

圖 6-49 ART 採集模塊圖

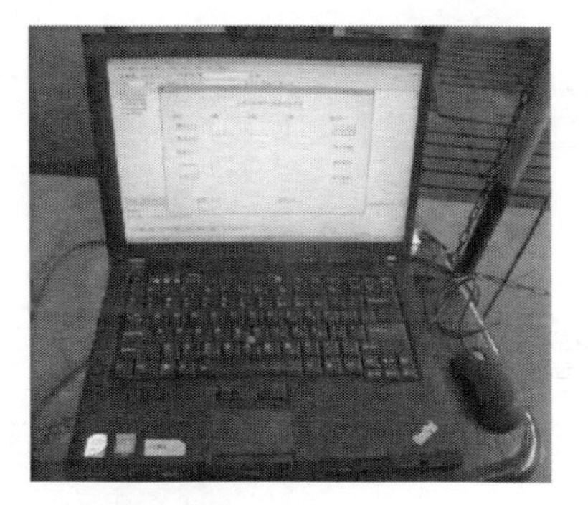

圖 6-50 發電測控系統

圖 6-51 行車與浮體配合的模擬發電實驗

6.7.2 結果與分析

圖 6-52 所示爲發電情況的儀表顯示，圖 6-53～圖 6-56 爲部分測試曲線，測試條件：負載 25kW，行程 1.2m；浮體在行車作用下往返兩次，上升 18.4s、下降 14.7s、上升 16.7s、下降 12.5s、停止後持續發電 31.6s。測試過程中液壓系統的壓力變化情況如表 6-21 所示。車間測試結果表明：海試樣機各零部件加工裝配完後，在車間進行各種相關測試，測試結果達到要求。

圖 6-52 發電情況的儀表顯示

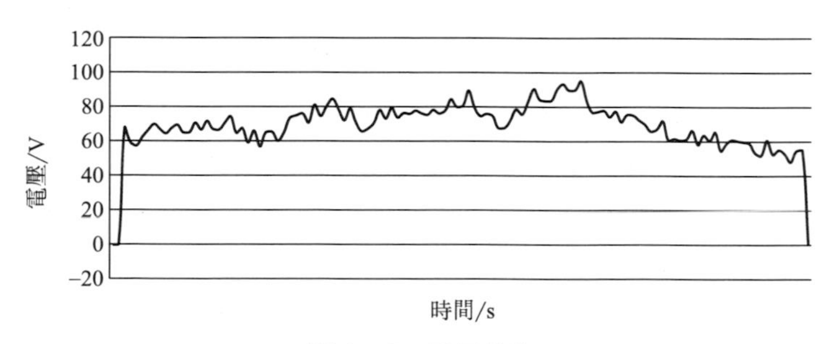

圖 6-53 電壓曲線

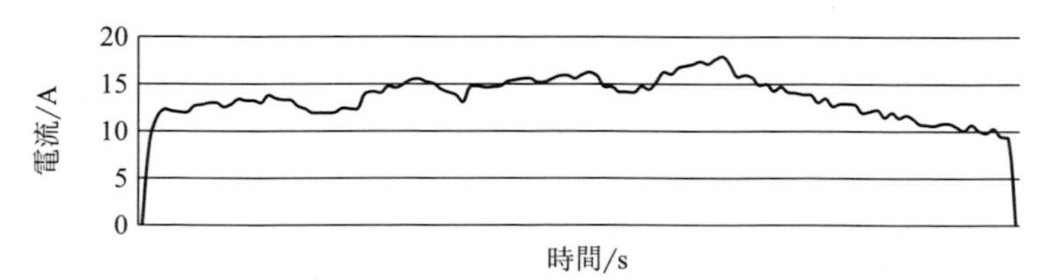

圖 6-54 電流曲線

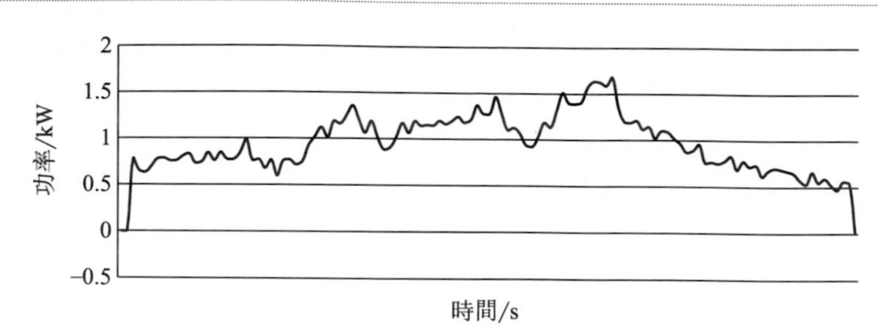

圖 6-55　單相功率曲線

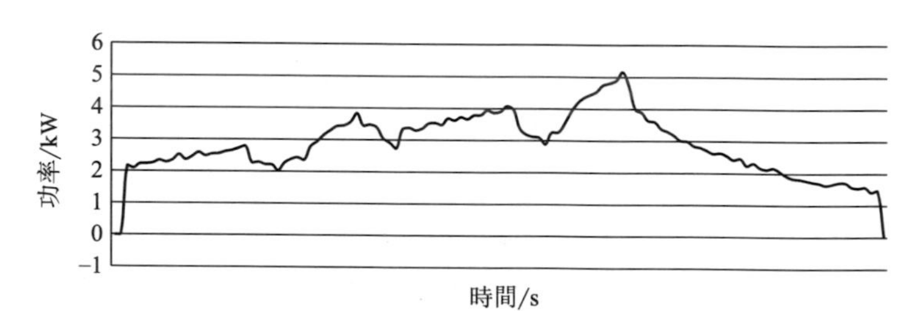

圖 6-56　總功率曲線

表 6-21　壓力變化情況

項目	時間/s	壓力變化範圍/MPa	平均壓力/MPa
上升	18.4	5.5～7	6.5
下降	14.7	6.5～7.5	7
上升	16.7	7.5～8.5	8
下降	12.5	7.5～9	8.5
停止後持續發電	31.6	8～5.5	6.75

第7章

波浪能發電裝置試驗

7.1 陸地試驗

7.1.1 陸地模擬實驗平臺

爲了能夠對液壓波浪能發電站進行模擬實驗研究，需構建液壓波浪能發電模擬實驗系統。圖 7-1 所示爲所構建的液壓波浪能發電模擬實驗系統原理圖。爲降低整個項目的風險，首先設計製造了一套額定功率爲 15kW 的波浪能發電模擬實驗平臺。負載控制櫃爲落地式，可通過 10kW、5kW、2kW、2kW、1kW 五擋負載開關組合控制，具有電壓、電流、功率、發電量、扭矩、轉速等顯示功能。該實驗系統可實現長時間無人值守條件下的自動控制，爲實際海況的應用奠定基礎。

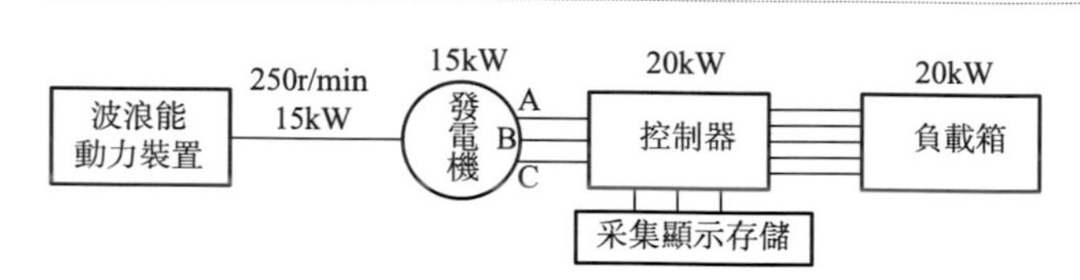

圖 7-1 液壓波浪能發電模擬實驗系統框圖

模擬實驗平臺的總體布局如圖 7-2 所示，總裝圖如圖 7-3 所示。圖 7-4 爲與發電機連接的測試儀器連接圖，圖 7-5 所示爲波浪能發電模擬實驗平臺的實物照片。圖 7-6 所示爲實驗平臺的控制系統顯示界面。

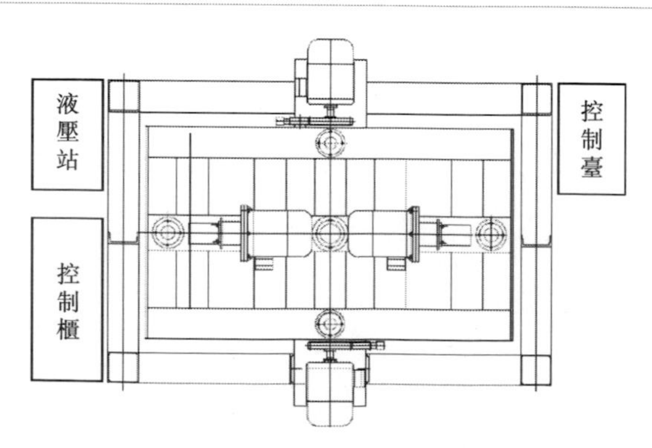

圖 7-2 模擬實驗平臺的總體布局

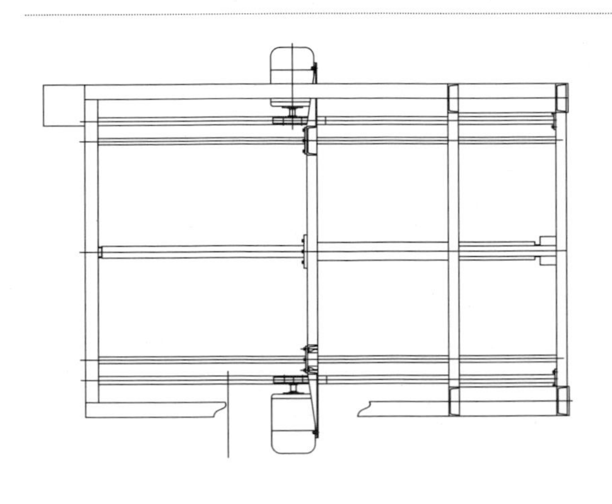

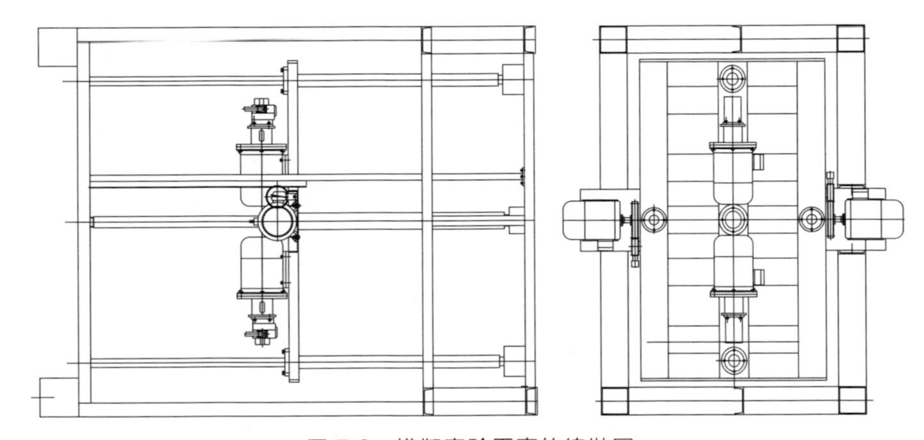

圖 7-3　模擬實驗平臺的總裝圖

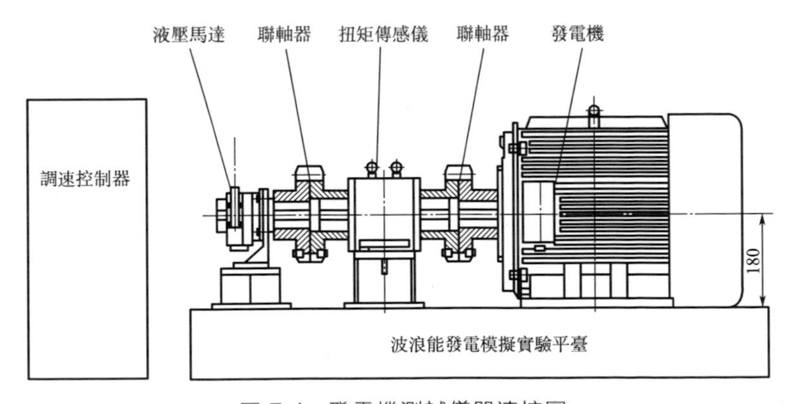

圖 7-4　發電機測試儀器連接圖

圖 7-5　實驗平臺的實物照片

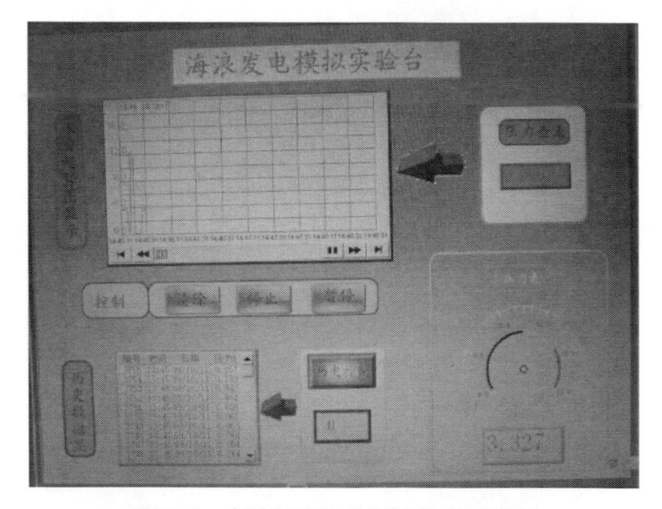

圖 7-6　實驗平臺的控制系統顯示界面

模擬實驗系統的液壓原理如圖 7-7、圖 7-8 所示。伺服閥 20 外接控制系統，控制系統向伺服閥輸入海浪模擬信號，從而控制液壓缸 26 的運動方向、速度等，實現對海浪運動的模擬。位移傳感器 25、壓力變送器 24 分別將位移信號和壓力信號轉變爲電信號，反饋給系統控制器。蓄能器 13 起穩定系統壓力、減少系統衝擊的作用，溢流閥 17 調定系統壓力，使系統工作在額定壓力範圍內。

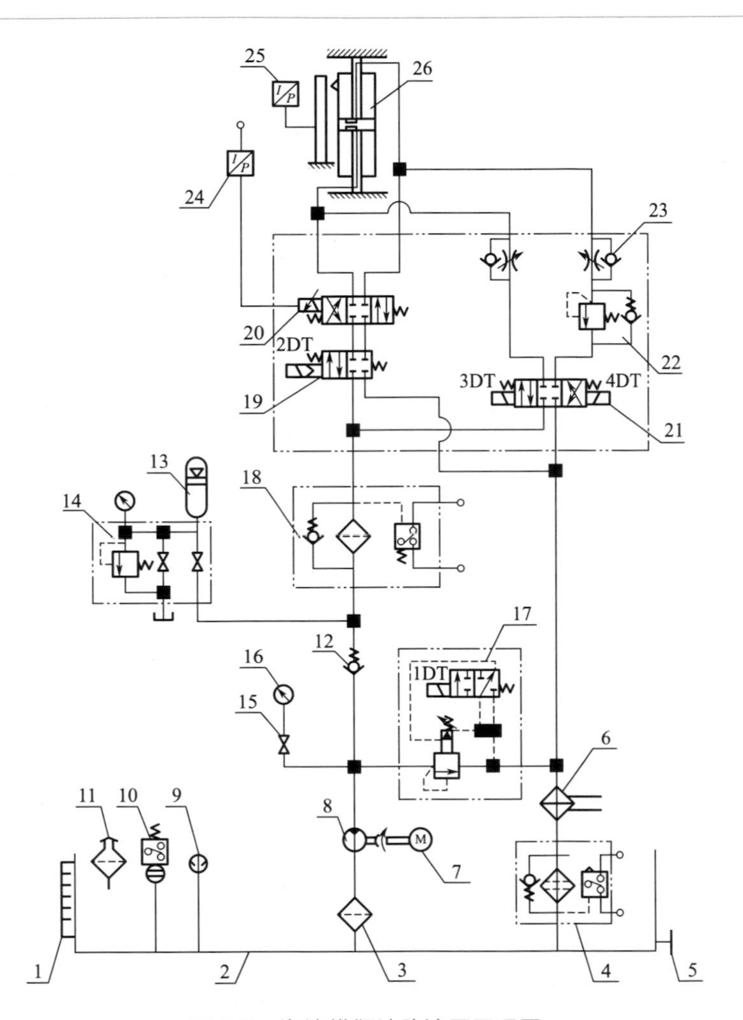

圖 7-7 海浪模擬油路液壓原理圖

1—液位液溫計；2—油箱；3—吸油濾油器；4—回油濾油器；5—放油螺塞；6—冷卻器；7—電機；8—高壓齒輪泵；9—電接點溫度計；10—液位控制器；11—空氣濾清器；12—板式單向閥；13—蓄能器；14—蓄能器安全閥；15—測壓軟管；16—耐振壓力表；17—電磁溢流閥；18—壓力管路過濾器；19—電液換向閥；20—伺服閥；21—三位四通電磁換向閥；22—疊加式平衡閥；23—疊加式單向節流閥；24—壓力變送器；25—位移傳感器；26—雙出桿液壓缸（海浪模擬液壓缸）

（1）發電油路流量對發電量的影響

在實驗過程中，先逐漸增大發電油路的流量，再逐漸減小發電油路的流量，發電系統的扭矩、轉速和發電功率的變化曲線如圖 7-9 所示。

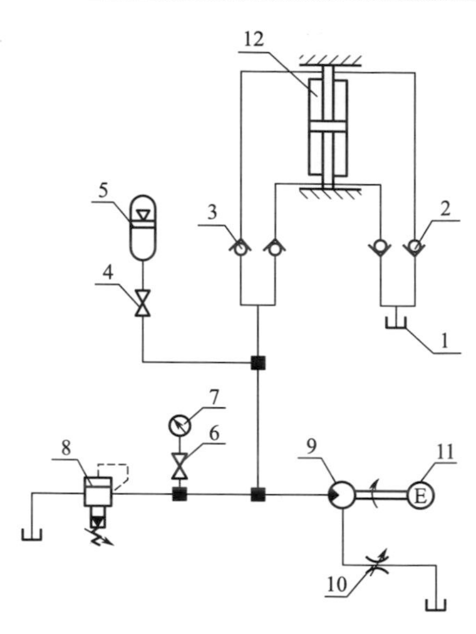

圖 7-8　發電液壓系統原理圖

1—油箱；2，3—板式單向閥；4—高壓球閥；5—蓄能器；6—測壓軟管；7—耐振壓力表；8—疊加式溢流閥；9—液壓馬達；10—板式單向節流閥；11—發電機；12—雙出桿液壓缸（發電液壓缸）

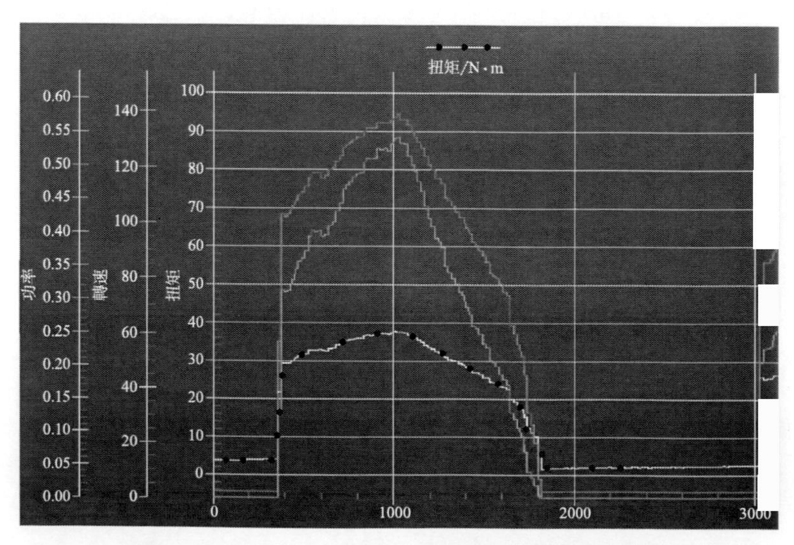

圖 7-9　流量變化時扭矩、轉速和功率的變化曲線

由圖 7-9 可以看出，隨著發電油路流量的增大，發電系統的扭矩、轉速和發電功率均逐漸增大。

(2) 主油路壓力對發電系統的扭矩、轉速、發電功率的影響

在實驗過程中，發電系統的負載爲 2kW，主動油路壓力從 1MPa 逐步調整到 10MPa，發電系統的扭矩、轉速和發電功率的變化曲線如圖 7-10 所示。

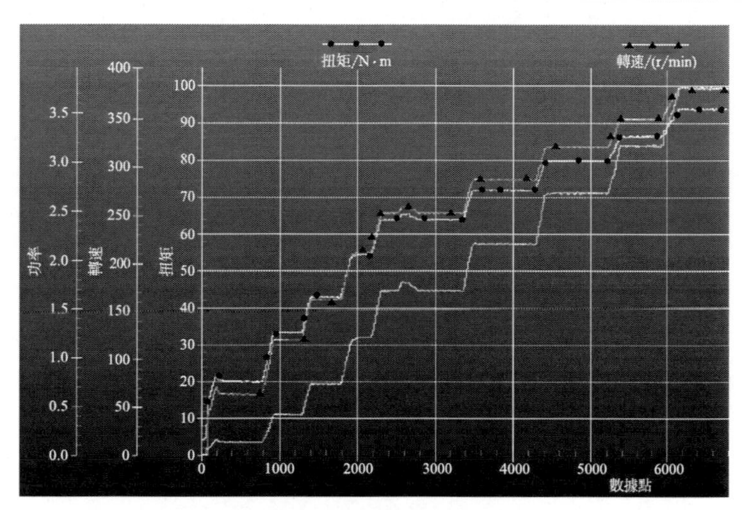

圖 7-10 主油路壓力對發電系統的扭矩、轉速、發電功率的影響

由圖 7-10 可看出，在發電負載不變的情況下，隨著主油路壓力增大，發電系統的轉速、扭矩、發電功率均相應增大。

(3) 發電負載對發電系統扭矩、轉速、發電功率的影響

在實驗過程中，主油路的壓力爲 14MPa，發電負載從 1kW 增至 20kW，發電系統的扭矩、轉速和發電功率的變化曲線如圖 7-11 所示。

在圖 7-11 中，發電系統的扭矩、轉速和發電功率曲線的每個週期均分爲兩部分，即大振幅階段和小振幅階段。大振幅曲線在發電液壓缸下行時產生，小振幅曲線在發電液壓缸上行時產生。隨著發電負載的逐步增大，發電液壓缸上行產生的扭矩值變化不明顯，轉速值逐漸減小，發電功率值也逐漸減小。發電液壓缸下行產生的扭矩值逐漸增大，轉速值逐漸減小，發電功率值也逐漸減小。

(4) 蓄能器對發電系統的影響

在實驗過程中，發電油路蓄能器的初始壓力爲 6MPa，主油路系統的壓力爲 14MPa，發電負載爲 20kW，發電系統的扭矩、轉速和發電功率的變化曲線如圖 7-12 所示。關閉蓄能器後，發電系統的扭矩、轉速和發

電功率的變化曲線如圖 7-13 所示。通過比較可以看出，在蓄能器的作用下，發電系統的扭矩和轉速增大，發電功率也相應增大，且發電功率的平穩性也得到增強。

（5）發電負載對發電油路壓力的影響

圖 7-14～圖 7-16 分別爲不同發電負載下的發電油路壓力曲線。由圖可以看出，發電負載越大，發電系統的壓力越大，壓力波動也越大。

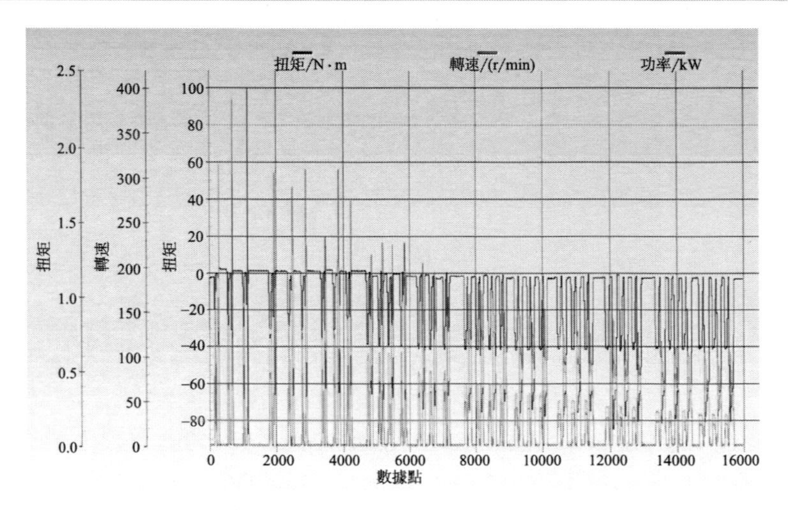

圖 7-11 發電負載對發電系統扭矩、轉速、發電功率的影響

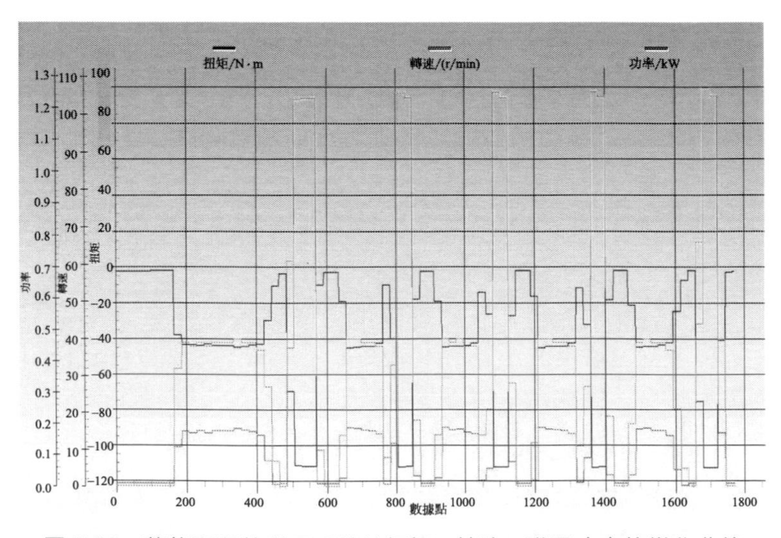

圖 7-12 蓄能器開啓發電系統的扭矩、轉速、發電功率的變化曲線

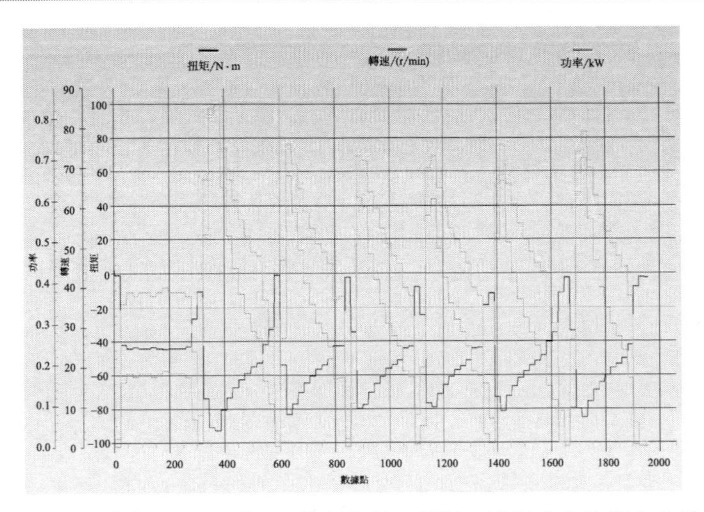

圖 7-13　蓄能器關閉發電系統的扭矩、轉速、發電功率的變化曲線

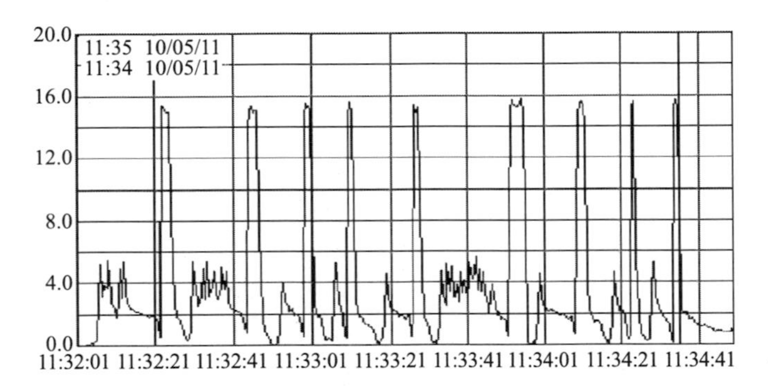

圖 7-14　發電負載 15kW 的發電油路壓力曲線

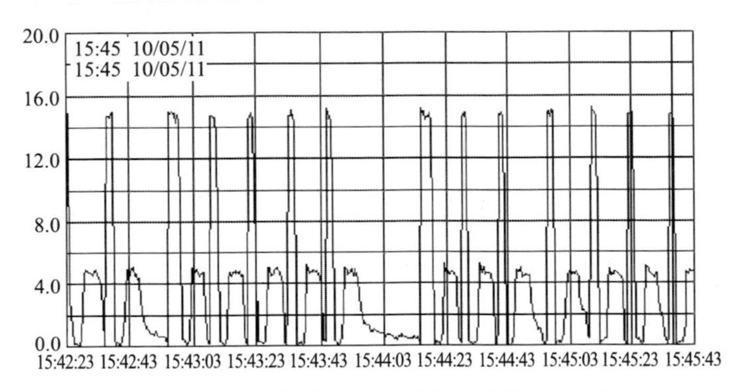

圖 7-15　發電負載 10kW 的發電油路壓力曲線

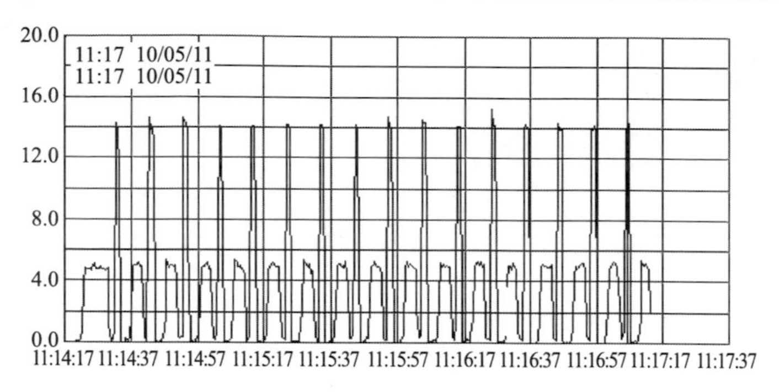

圖 7-16 發電負載 5kW 的發電油路壓力曲線

7.1.2 小比例模型實驗

爲了分析浮體在波浪作用下的響應情況，設計並製造了一套縮小比例的波浪能發電模型，如圖 7-17～圖 7-19 所示。造浪水箱是利用單板旋轉原理來造浪，並由調速電機來調節單板的旋轉速度，以此來調節不同的造浪情況。

圖 7-17 波浪能發電原理模型照片

空載情況：發電機不接任何負載，測量在不同輸入轉速下水面的位置和浮子的位置，實驗數據見表 7-1、表 7-2。

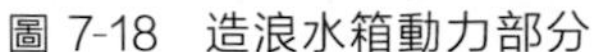

圖 7-18　造浪水箱動力部分

圖 7-19　電控系統照片

表 7-1　空載時水面位置

轉速/(r/min) ＼ 平均位置	最高位置/mm	最低位置/mm	高低落差/mm
100	83.3	−33.4	116.7
200	87.7	−33.5	121.2
300	92.3	−40.1	132.4
400	99.2	−48	147.2
500	101.3	−55.1	156.4
600	104.5	−72.7	177.2
700	142.1	−69.1	211.2

表 7-2　空載時浮子位置

轉速/(r/min) ＼ 平均位置	最高位置/mm	最低位置/mm	高低落差/mm
100	62	18	44
200	65	−0.7	65.7
300	70	−14.7	84.7
400	73.6	−23.5	97.1
500	75.6	−25.7	101.3
600	77.6	−38.5	116.1
700	78.5	−50	128.5

全載情況：發電機接負載，測量在不同輸入轉速下水面的位置和浮子的位置，實驗數據見表 7-3、表 7-4。表格中每組數據均爲 10 次實驗數據的平均值。

表 7-3　全載時水面位置

轉速/(r/min) ＼ 平均位置	最高位置/mm	最低位置/mm	高低落差/mm
100	70	−33.6	103.6
200	82.6	−33.7	116.3
300	95	−42.5	137.5

續表

轉速/(r/min) \ 平均位置	最高位置/mm	最低位置/mm	高低落差/mm
400	97.3	−56.3	153.6
500	99.5	−62.4	161.9
600	114.9	−78	192.9
700	124.7	−99.7	224.4

表 7-4　全載時浮子位置

轉速/(r/min) \ 平均位置	最高位置/mm	最低位置/mm	高低落差/mm
100	25.5	25.5	0
200	26.3	25.1	1.2
300	31.4	23.7	7.7
400	41.1	22	19.1
500	46.7	18.5	28.2
600	48.9	3.6	45.3
700	49.5	−0.8	50.3

隨著轉速的升高，造浪的落差變大，浮子的上下移動範圍也越大。但受波浪反射等的削弱影響，浮子運動位移與浪高的關係並非遞增，這在工程樣機的設計中需考慮。

7.1.3 海試樣機的陸地測試與實驗

(1) 實驗目的

本項目是以提高偏遠海島供電能力和解決無電人口用電問題爲目的的獨立電力系統示範項目，並可採用包括海島波浪能以及多種可再生能源互補型的獨立電力系統示範項目。

波浪能發電裝置組裝完成時應進行陸地聯調，主要包括資料、電氣性能、液壓系統、監控系統和整機的測試，確保組裝正確。通過對波浪能發電裝置的整機進行陸地試驗，測試波浪能發電裝置各部分（包括液壓系統、電氣系統和監測系統）的有效性和穩定性，將測試結果和數值模擬結果對比分析，進行最終試驗調試，爲最終海試做準備。

(2) 電氣性能的陸地聯調

通過利用肉眼觀察、萬用表測量確定電氣系統線路連接是否正常，外觀是否存在破損漏電現象，對電線進行人爲拉拽，確保線路連接牢固，保證海試過程中電氣系統正常工作。

電氣系統測試接線圖如圖 7-20 所示。圖 7-21 所示爲發電機與負載的連接圖，圖 7-22、圖 7-23 所示爲現場實物照片。

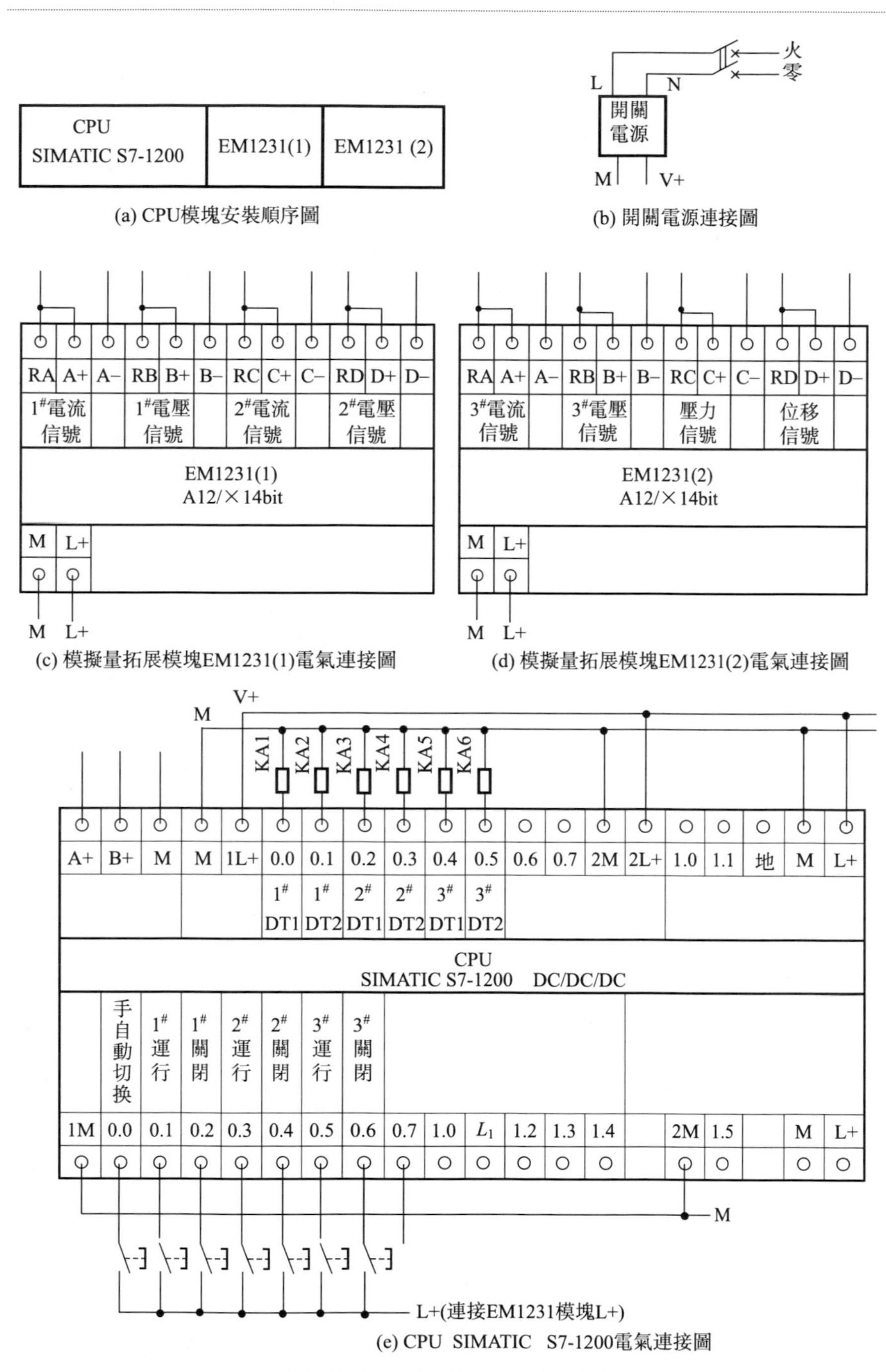

(e) CPU SIMATIC S7-1200電氣連接圖

圖 7-20 電氣系統測試接線圖

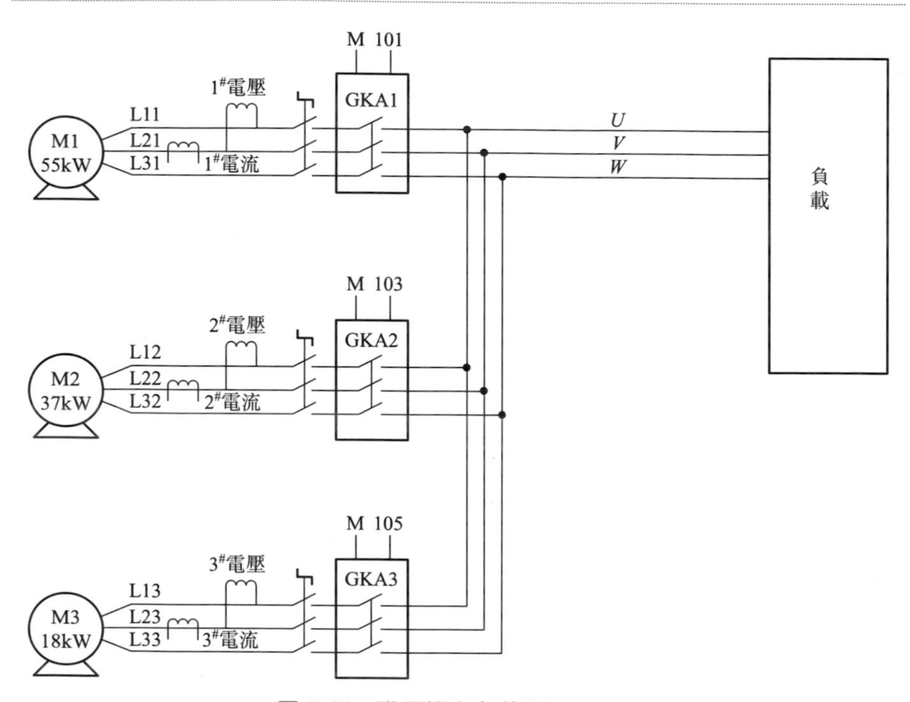

圖 7-21 發電機與負載連接原理圖

圖 7-22 控制箱

圖 7-23 負載櫃

測試項目：電氣性能陸地聯調主要檢查機組主控系統、發電機系統等的接線。檢查各控制櫃之間動力和信號線纜的連接緊固程度。檢查各金屬構架、電氣裝置和通信裝置等電位連接與接地。檢查充電回路是否工作正常。檢查電纜外觀應完好無破損。檢查絕緣水平和接地。檢查各測量終端是否處於正常工作狀態，見表 7-5。

表 7-5 各測量終端檢查

檢查項目	檢查工具	檢查結果
①機組主控系統、發電機系統等的接線	萬用表	連接良好
②檢查各控制櫃之間動力和信號線纜的連接緊固程度	人爲拉拽	電線連接牢固
③檢查各金屬搆架、電氣裝置和通信裝置等電位連接與接地	萬用表	接地良好
④檢查充電回路是否工作正常	萬用表	正常
⑤檢查電纜外觀應完好無破損	肉眼觀察	無破損
⑥檢查絶緣水平和接地	萬用表	絶緣良好
⑦檢查各測量終端是否處於正常工作狀態	萬用表	正常

對電氣控制系統各項參數進行測試，確定符合相關機組控制與監測要求，確保各類測量終端調整完畢，符合機組相應檢測和保護要求，見表 7-6。

表 7-6 電氣系統測試

測試項目	測試結果
測試系統主要部分工作運行	正常
上位機監控系統運行	正常
數據儲存系統運行	正常
測試的動態響應	正常

(3) 液壓系統的陸地聯調

通過觀測液壓系統運行，確定液壓系統是否存在漏油等現象。利用壓力傳感器測試液壓系統運行壓力。用壓力表測試蓄能器內部壓力，保證其壓力能夠適合海浪發電系統在合理的範圍內，並能有效儲存液壓能量。用轉速傳感器測量液壓系統運行過程中液壓馬達的轉速，確定轉速是否合理。觀測液位計測量油箱液壓油液面，對液壓油進行充分過濾，以確保液壓油的清潔度，確保液壓系統工作無異常。

圖 7-24 所示爲液壓系統原理圖，圖 7-25～圖 7-27 所示爲現場照片。

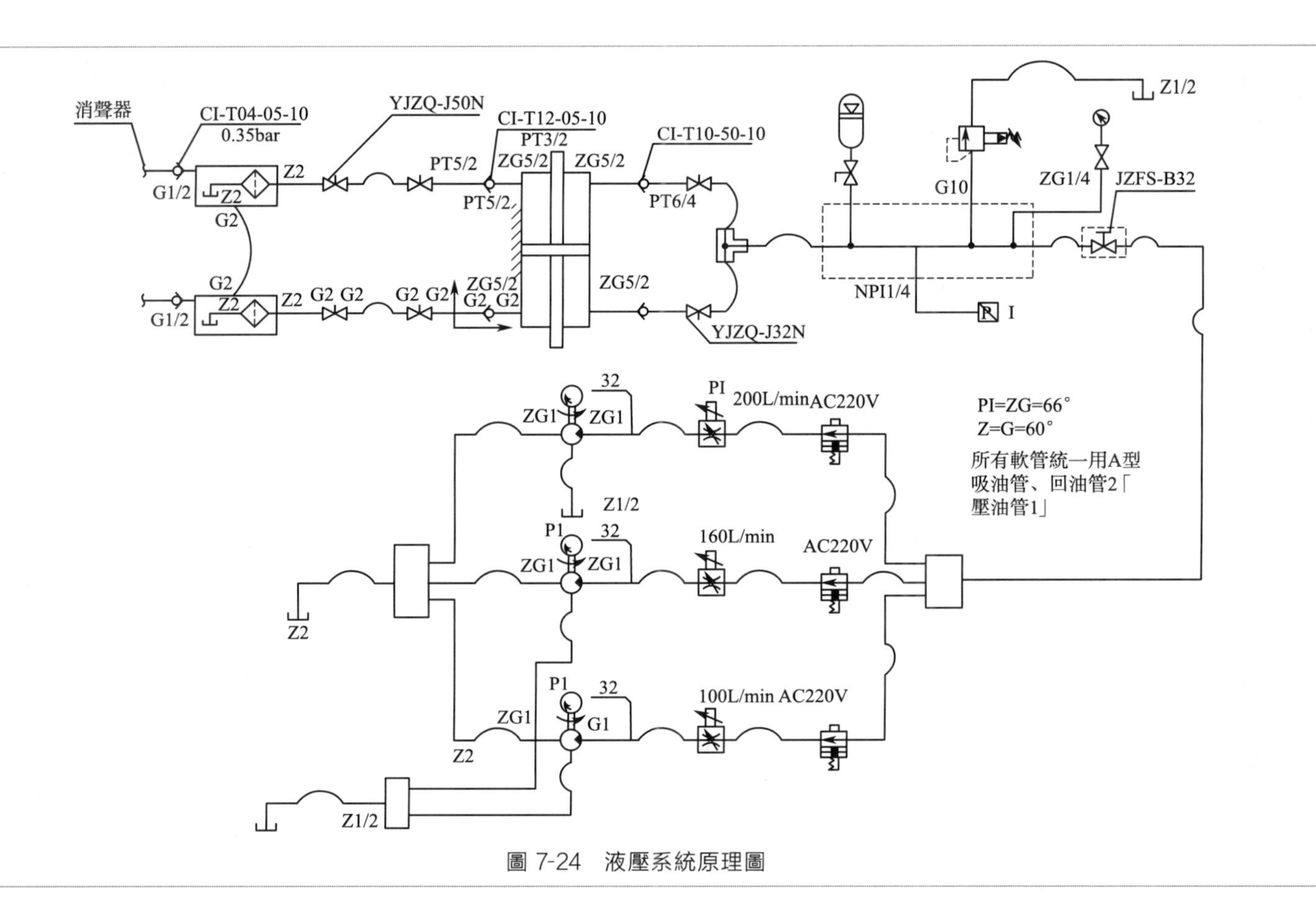

圖 7-24 液壓系統原理圖

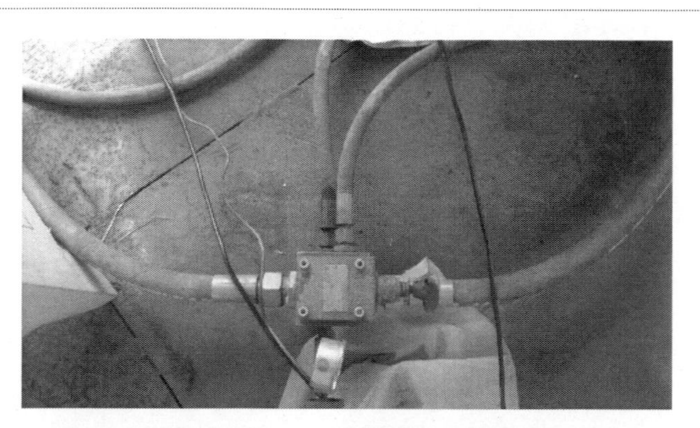

圖 7-25 液壓過載保護

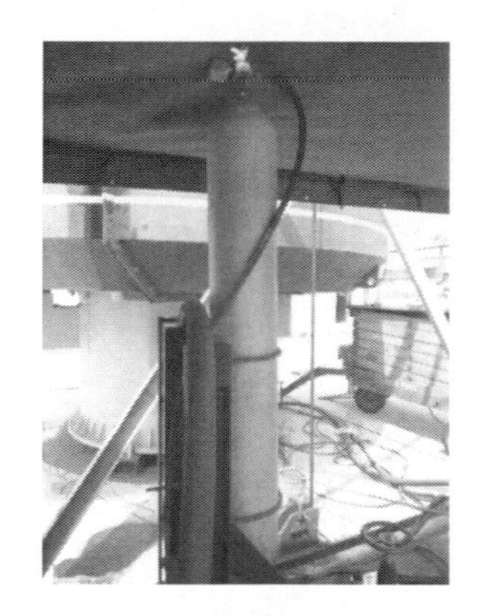

圖 7-26 液壓蓄能部分

圖 7-27 現場工作圖

主要檢查項目：檢查液壓管路與元件連接情況有無異常，調節各閥門至工作預定位置。檢查液壓油位是否正常，確認液壓油清潔度滿足工作要求。啓動系統，觀測液壓馬達與發電機的連接情況，觀測發電機旋轉方向是否正確，檢查系統壓力、保壓效果、噪聲、漏油等情況。檢查液壓馬達和管路銜、連接處，確保加壓後回路無滲漏，見表 7-7。

表 7-7 液壓系統主要檢查項目

檢查項目	檢查工具	檢查結果
①檢查液壓管路元件連接情況有無異常	肉眼觀察	無異常
②檢查液壓油位是否正常	液位計，取樣觀察	液位正常，液壓油清潔
③啓動系統，觀察液壓馬達與發電機的旋轉方向是否正確	肉眼觀察，轉速計	正確

(4) 監控系統的陸地聯調

控制系統主要有液壓系統和各部件的傳感器，以及設備整體運行的位移傳感器等，控制系統的運行檢測與整機的試驗一起完成。

圖 7-28～圖 7-33 所示爲監控系統和傳感器的照片，圖 7-34 所示爲整體調試的照片。

圖 7-28 PLC 控制器

圖 7-29 控制閥

圖 7-30 壓力傳感器

圖 7-31 流量傳感器

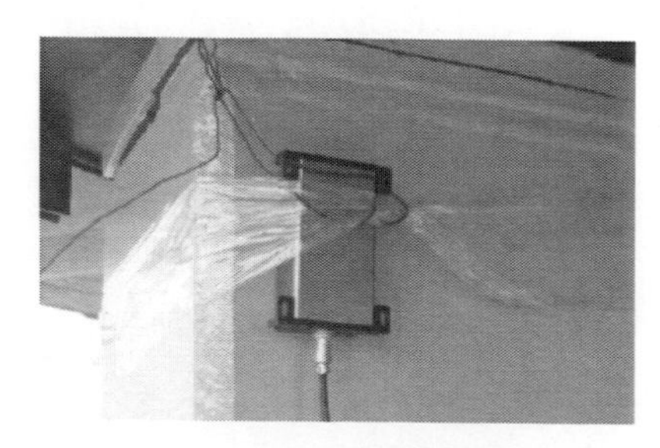

圖 7-32 位移傳感器

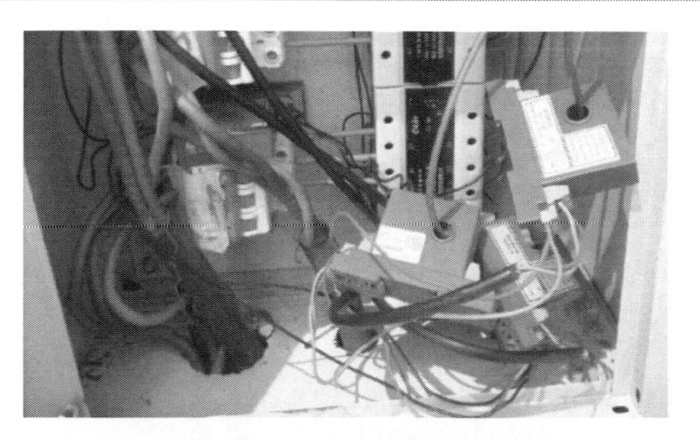

圖 7-33 電壓/電流傳感器

圖 7-34 整體調試

主要檢查項目：檢查主控制器與監控系統的通信狀態是否工作正常，觀察主控制器與監控系統的通信中斷後的保護指令和故障報警狀態。對發電裝置進行手動和自動控制，觀察監控系統監測的發電裝置的運行狀態與實際是否相符。通過監控系統遠程操作機組，觀察機組對控制指令的響應情況，見表 7-8。

表 7-8 監控系統主要檢查項目

檢查項目	檢查工具	檢查結果
①主控制器與監控系統的通信狀態是否工作正常	現場測試	正常

續表

檢查項目	檢查工具	檢查結果
②手動和自動控制	現場測試	良好
③控制指令的響應情況	現場測試	響應良好

7.1.4 整機的陸地聯調

利用機械模擬波浪情況，帶動波浪能發電裝置進行測試，對波浪能發電裝置整機運行，控制系統、電氣系統和液壓系統的運行情況進行模擬測試，確保波浪能發電裝置在模擬狀態下的安全穩定運行，對波浪能發電裝置進行最後調試。圖 7-35 所示爲陸地測試模擬裝置。

圖 7-35 陸地測試模擬裝置

主要檢測項目：用卷揚機帶動能量俘獲系統模擬波浪的運動，測試整套裝置的安裝、配合情況，計算能量轉換效率等指標，驗證整個系統的功能；選取一年中典型的波浪值、極限值進行模擬，對液壓缸、發電機在不同工況下性能進行測試。

7.1.5 數據分析

選取 18kW 電動機，25kW 負載，進行典型陸地實驗數據分析，浮子運動位移爲 50cm，週期 8s，蓄能器壓力爲 1.7MPa，節流閥開度爲

5.5mm 時，系統輸出曲線如圖 7-36～圖 7-40 所示。

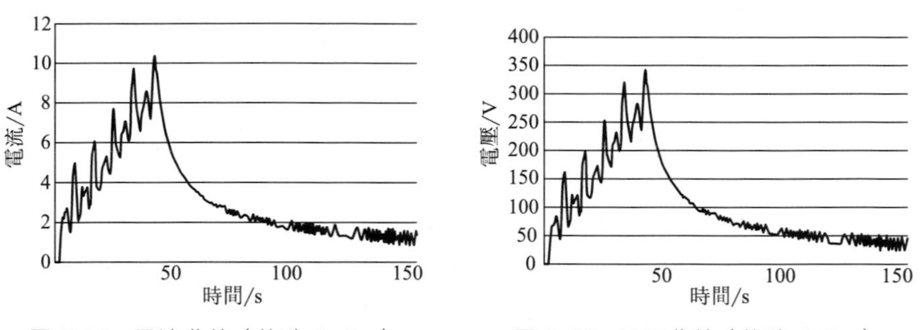

圖 7-36　電流曲線（位移 0.5m）

圖 7-37　電壓曲線（位移 0.5m）

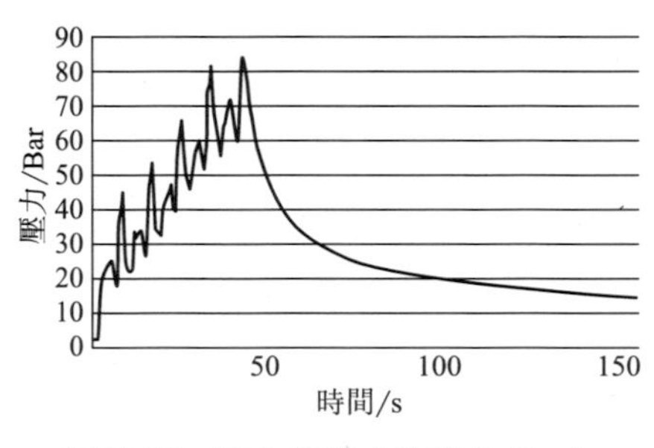

圖 7-38　壓力曲線（位移 0.5m）

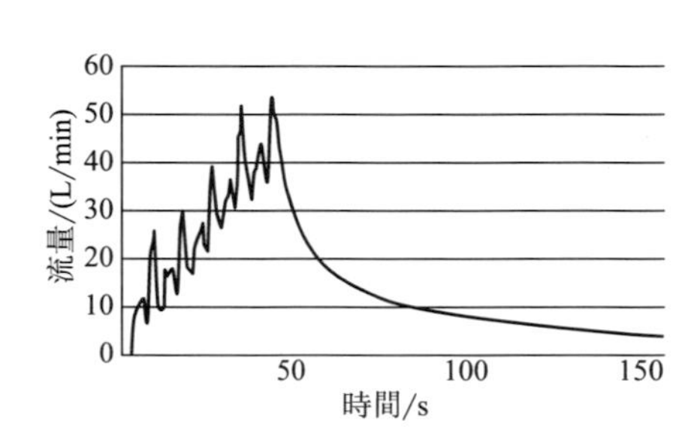

圖 7-39　流量曲線（位移 0.5m）

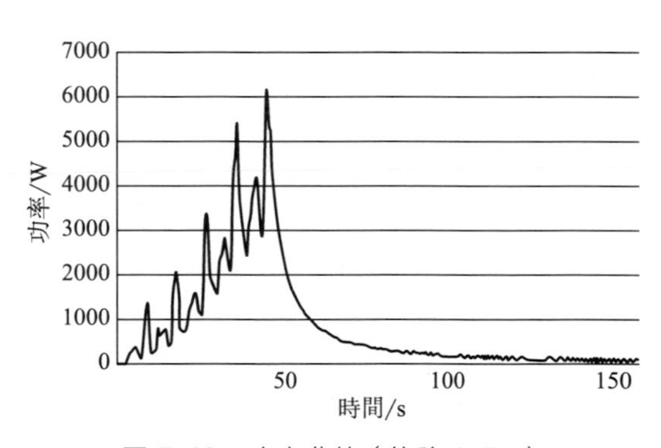

圖 7-40　功率曲線（位移 0.5m）

分析以上曲線可得，波浪能發電裝置在較小位移時即可輸出電能，平均發電功率可達到 4000W，且浮筒停止運動後，可持續輸出電能的時間超過 80s，發電裝置啓動波高小，持續輸出電能的能力強。

7.2 海試

7.2.1 海試地點

海試地點位於北緯 37°26′40″，東經 122°39′30″。該點位於海驢島西南方向約 500m 處，該點海底爲砂土質，便於發電系統進行錨泊固定，第 4 季節的海況能夠滿足項目的試驗要求。該點緊靠海驢島，受海島及該點東南方向約 1000m 處「大孤石」礁石的影響，該點無東西向通行船舶，因南側 2000m 處爲陸地，除養殖船外，該點無其他南北向航行船舶。進出龍眼港西南—東北方向的船舶通常航行於該點北側航道，航道距該點約 2000m；該點距南側東西向航道約 1000m，故不影響往來船隻通航。

7.2.2 波浪能發電裝置的投放

由於波浪能發電裝置高約 32m、重約 110t，裝置的投放需保證安全可靠，並且不破壞發電設備各部件間的配合連接關係。設備投放海中後，設置三口錨（單口錨重 11.1t）固定，設備和錨用錨鏈（110m）連接，三口錨以設備爲中心呈三角形布設。表 7-6 所示爲設備組裝和投放所需設備。

設備安裝部位的經緯度坐標：N：37°23′32″，E：122°42′30″。

轉換爲 WGS-84 座標系爲：$X=4140080$，$Y=474172$。

表 7-9　設備準備情況

設備名稱	規格型號	用途	備註
150t 汽車吊	最大起重量 150t	安裝、拆分設備	
叉車		安裝、拆分設備	
起重 6 號吊船	最大起重量 300t	吊運設備	
拖輪 1 號	300 馬力①	觀察、維護	輔助船舶
GPS	南方 9300＋	定位	

注：①1 馬力≈735.5W。

(1) 施工流程及方案

① 場地組裝及調試　圖 7-41 所示爲波浪能發電系統從加工車間向實施海域裝車運輸的照片，圖 7-42～圖 7-48 所示爲系統的碼頭裝配照片，圖 7-49 所示爲總裝完成的照片。

圖 7-41 裝車運輸

圖 7-42 碼頭裝配現場

圖 7-43 月牙浮體裝配

圖 7-44 主體立柱裝配

圖 7-45　浮筒與浮體裝配

圖 7-46　龍門架裝配

圖 7-47　錨鏈

圖 7-48　底架與錨鏈連接

圖 7-49　裝配完成

② 備航　備航前，應對氣象、海況進行詳細調查，及時掌握短期預報資料，確定施工日期。作業時的氣象、海況條件應滿足下列要求：風速不大於 5 級，波高不大於 0.5m。

場地組裝及調試合格後，做啓航前的準備工作：首先，吊船靠泊於備件場地前沿，利用汽車吊將錨、錨鏈、錨上浮標等按順序布置於吊船甲板上，並採取相應措施固定；每口錨上設置的浮標鋼絲繩與卷揚機上的鋼絲繩接好。然後，吊船錨泊於組裝場地前沿水域。在陸上吊車配合下將錨鏈的一端與設備底盤連接。三根錨鏈均接好後，吊船用 2 個主鈎（吊索 1 號掛 A 鈎，吊索 2、3 號掛 B 鈎）將設備水平吊起，如圖 7-50 所示。在起吊的過程中應保持設備處於水平狀態。設備吊起後，吊船後退至寬敞較深水域，將設備緩慢沉入水中（保證密封艙、設備艙浸入水中）檢測設備的密封狀況。圖 7-51 所示爲波浪能發電裝置的氣密性實驗照片。氣密性檢測正常後，將設備起吊至安全高度，利用風繩將設備與船體固定好，避免在航行過程中設備產生大幅度轉動。

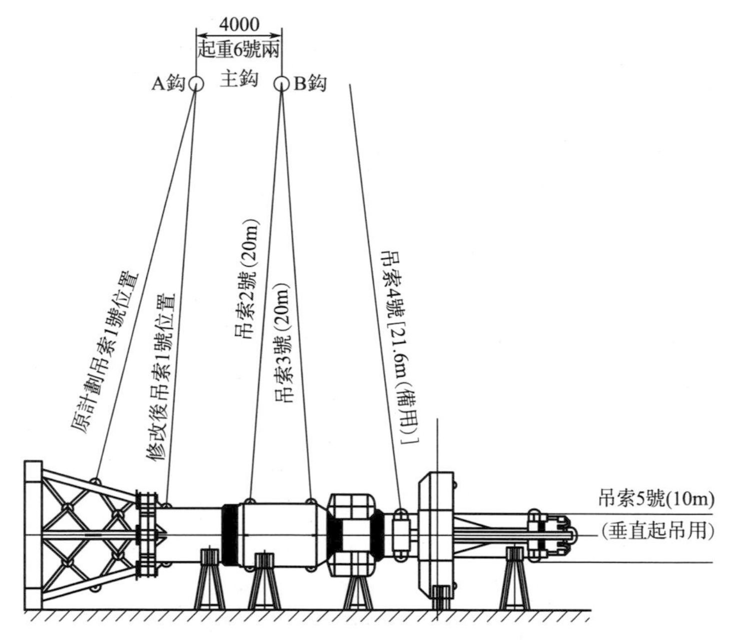

圖 7-50　投放過程中吊船吊鈎示意圖

圖 7-51　氣密性實驗

③ 啓航及定位　船舶航行過程中，要保持平穩低速航行。吊船抵達安裝地點後，先根據設計坐標（見圖 7-52）將船舶拋錨定位。船舶定位時，船體順流方向錨泊。如果海流方向由北向南，則應使船艏向北。反之則應使船艏向南。圖 7-53 所示爲備航照片。

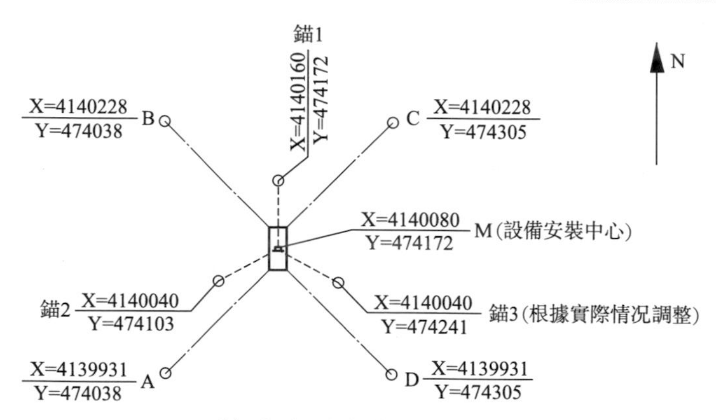

圖 7-52　投放坐標

圖 7-53　備航

④ 設備安放

錨 1 拋放：由吊船通過收放纜繩，利用 GPS 定位，先將錨 1 定位拋放，利用卷揚機緩慢下放錨 1 的浮標鋼絲繩。放至海底後，係好浮標，並將浮標拋於海中。然後將設備移至設計位置。

設備安放：先將設備整體下落，待設備整體進入水中後，再緩慢下落A鉤（靠近設備底部的吊鉤），隨著設備緩慢下放，適時下落B鉤，直至設備垂直漂浮，處於自由漂浮狀態爲止。

在確定設備安裝成功後，摘鉤，將吊索沉入海中（以備後期設備回收時用）。

錨2、錨3拋放：吊船通過收放纜繩，由GPS定位拋放錨2。最後根據現場設備漂浮情況及錨3的定位角度，通過收放吊船纜繩，使設備處於最佳位置後拋放錨3。

⑤ 觀察測試　設備投放後，吊船返回，安排拖輪1值班。若陸地接收到的數據有異常變化，乘坐拖輪1號船前往設備現場進行觀察和檢查。

⑥ 設備回收　設備回收順序與安裝順序相反。如圖7-54所示，先依次將錨3、錨2起錨，再回收設備本體，最後將錨1起錨。設備本體收回時，吊船A主鉤起吊吊索5號，緩慢起升設備，待吊索2、3號根部露出水面後，拖船1號將原沉水中吊索撈起掛在吊船B主鉤上，然後起吊B鉤，同時下落A鉤脫離吊索5。繼續起吊設備本體，待露出吊索1號時，先將設備整體水平旋轉180°，然後將吊索1號掛在吊船A主鉤上，設備水平起吊出水，同樣用風繩將設備與吊船固定，返回組裝場地，卸下設備。

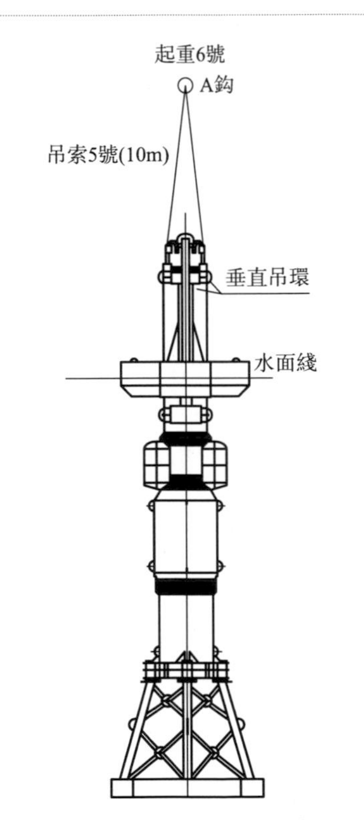

圖7-54　設備回收起吊情況

(2) 投放過程中的安保措施

① 發布航行通告，組織相關部門協調過往船舶注意避讓，以保證施工作業過程中的船舶安全。

② 各種吊點、吊索、卸扣、吊耳焊接等使用前必須經過嚴格計算，確保安全係數達到規範要求，使用前要核實規格、型號及完好情況。

③ 施工過程中，必須嚴格按照船舶操作規程組織施工。

④ 船舶啓航前，必須收聽氣象預報並監測海況，預測施工作業期間的氣象變化，確定施工時間。

⑤ 施工船舶到達作業區域後，必須懸掛相應的號燈、號型。

⑥ 海上夜間施工必須配備足夠的照明設施，照明供電由各作業船上的供電設施提供，照明供電安全由值班電工負責。

⑦ 各錨繫設施的浮鼓一律塗刷螢光漆，夜間施工時錨泊標誌清楚、醒目。

⑧ 施工船舶的探照燈、導航設備、通信設備、救生設備必須齊全並符合使用要求。

⑨ 該項目施工人員船上作業時必須穿救生衣。

⑩ 各施工作業船舶配備專職安全員。

圖 7-55 所示爲海浪發電站在海上的吊船運輸照片，圖 7-56、圖 7-57 所示爲投放過程照片，圖 7-58 所示爲海浪發電站投放完成的照片。2012 年 11 月 21 日完成了投放過程，經過 9～10 級大風、3～4m 狂狼後依然漂浮於海上。

圖 7-55　吊船運輸

圖 7-56　投放準備

圖 7-57　投放中

圖 7-58　投放完成

參考文獻

[1] 劉延俊，賀彤彤. 波浪能利用發展歷史與關鍵技術[J]. 海洋技術學報，2017，36（4）：76-81.

[2] Zhang W，Liu Y，Luo H，et al. Experimental and Simulative Study on Accumulator Function in The Process of Wave Energy Conversion[J]. Polish Maritime Research，2016，23（3）：79-85.

[3] Zhang J，Liu Y，He T，et al. The magnetic driver in rotating wave energy converters[J]. Ocean Engineering，2017，142：20-26.

[4] Zhang J，Liu Y，He T，et al. A new type flexible transmission mechanism used in ocean energy converters[J]，Vibroengineering PROCEDIA，2017，11：56-61.

[5] Zhang W，Liu Y. Simulation and Experimental Study in the Process of Wave Energy Conversion[J]. Polish Maritime Research，2016，23（s1）：123-130.

[6] Zhang J，Liu Y，Liu J，et al. Influence of installation deviation on dynamic performance of synchronous magnetic coupling[J]. Vibroengineering PROCEDIA，2017，12：78-83.

[7] Zhang W，Liu Y，Li S，et al. Experimental and simulative study on throttle valve function in the process of wave energy conversion[J]. Advances in Mechanical Engineering，2017，9（6）：168781401771236.

[8] Zhang W，Liu Y J，Li D T，et al. The Simulation and Experiment on Hydraulic and Energy Storage Wave Power Technology[J]. Journal of Computational and Theoretical Nanoscience，2016，13（3）：2056-2064.

[9] 張偉，劉延俊，李德堂等. 電液伺服波浪發電模擬試驗臺的仿真研究[J]. 太陽能學報，2016，2016（3）：570-576.

[10] 劉延俊，賈瑞，張健. 波浪能發電技術的研究現狀與發展前景[J]. 海洋技術學報，2016，35（5）：100-104.

[11] 羅華清，劉延俊，張募群，等. 基於 AQWA 的波浪能發電裝置主浮體水動力特性研究[J]. 船舶工程，2016，2016（4）：39-42.

[12] Hu D D，Liu Y J，Hong L K，et al. Finite Element Analysis for Water Turbine of Horizontal Axis Rotor Wave Energy Converter[J]. Applied Mechanics & Materials，2014，530-531：906-910.

[13] Liu J B，Liu Y J，Li Y. A Review of the Hydrodynamic Characteristics of Heave Plates[J]. Advanced Materials Research，2013，773：65-69.

[14] Peng J J，Liu Y J，Li Y，et al. Modeling and Stability Analysis of Hydraulic System for Wave Simulation[J]. Applied Mechanics & Materials，2013，291-294（22）：1934-1939.

[15] Peng J J，Liu Y J，Li Y，et al. Simulation of Numerical Wave Based on Fluid Volume Function[J]. Advanced Materials Research，2013，614-615：541-545.

[16] Liu Y J，Sun X W，Zheng B. The Finite Element Analysis of the Column of

Wave-Power Generating Device[J]. Advanced Materials Research, 2013, 614-615: 546-549.

[17] Peng J, Liu Y, Liu J, et al. Research of Numerical Wave Generation and Wave Absorption Simulation Based on Momentum Source Method[J]. International Journal of Digital Content Technology & Its Applic, 2013.

[18] Liu Y J, Sun X W, Zheng B. The Finite Element Analysis of the Column of Wave-Power Generating Device[J]. Advanced Materials Research, 2012, 614-615: 546-549.

[19] Li D S, Liu Y J, Peng P J. Study of Wireless Electricity Acquisition System Based on GPRS for Seawave Power[J]. Applied Mechanics & Materials, 2012, 220-223: 1166-1170.

[20] Peng J J, Liu Y J, Li Y, et al. Simulation of Numerical Wave Based on Fluid Volume Function[J]. Advanced Materials Research, 2012, 614-615: 541-545.

[21] 劉延俊，鄭波，孫興旺. 漂浮式海浪發電裝置主浮體結構的有限元分析[J]. 山東大學學報（工學版），2012，42（4）：98-102.

[22] 程波. 海浪發電實驗裝置設計與研究 [D]. 濟南：山東大學，2012.

[23] 李超. 全液壓漂浮式海浪發電裝置流固耦合分析 [D]. 濟南：山東大學，2012.

[24] 郝寧. 全液壓漂浮式海浪發電裝置的結構設計及優化分析 [D]. 濟南：山東大學，2012.

[25] 孫興旺. 漂浮式海浪發電裝置的結構動力分析及控制研究 [D]. 濟南：山東大學，2013.

[26] 李端鬆. 海浪發電模擬裝置的動靜態特性及無線數據採集系統的研究 [D]. 濟南：山東大學，2013.

[27] 彭建軍. 振盪浮子式波浪能發電裝置水動力性能研究 [D]. 濟南：山東大學，2014.

[28] 劉計斌. 垂蕩阻尼板的水動力分析與設計 [D]. 濟南：山東大學，2014.

[29] 洪禮康. 漂浮式液壓海浪發電裝置錨泊系統研究 [D]. 濟南：山東大學，2014.

[30] 賈瑞. 橫軸轉子水輪機波浪能發電裝置水動力學特性研究 [D]. 濟南：山東大學，2017.

[31] 羅華清. 振盪浮子波浪能發電裝置主浮體及係泊系統動力特性研究[D]. 濟南：山東大學，2017.

[32] 劉延俊. 液壓系統使用與維修 . 第 2 版 [M].北京：化學工業出版社，2015.

[33] 張健，劉延俊，劉科顯，賈瑞，丁洪鵬. 一種適用於波浪能發電裝置的磁性驅動器性能測試裝置[P]. 山東：CN206311327U，2017-07-07.

[34] 劉延俊，薛鋼，張偉，張健，劉坤，羅華清，張募群，賈瑞. 一種雙液壓缸控制的深海多參數測量裝置[P]. 山東：CN204373652U，2015-06-03.

[35] 劉延俊，張偉，丁洪鵬，賈瑞，羅華清. 一種利用多能互補供電深度可調的海洋觀測裝置[P]. 山東：CN205256621U，2016-05-25.

[36] 劉延俊，薛鋼，丁洪鵬，劉科顯，丁梁鋒，張募群. 一種多能互補供電的海洋觀測裝置[P]. 山東：CN205203318U，2016-05-04.

[37] 劉延俊，謝玉東，彭建軍，李超，程波，郝寧，李端鬆，孫興旺，崔中凱，劉計斌，李玉. 一種漂浮式全液壓海浪發電裝置[P]. 山東：CN102269105A，2011-12-07.

[38] 劉延俊，謝玉東，彭建軍，李超，程波，郝寧，李端鬆，孫興旺，崔中凱，劉計斌，李玉. 漂浮式全液壓海浪發電裝置[P]. 山東：CN202117839U，2012-01-18.

[39] 王燕，劉邦凡，趙天航. 論中國海洋能的研究與發展[J]. 生態經濟（中文版），2017，33（4）：102-106.

[40] 施偉勇，王傳崑，沈家法. 中國的海洋能

資源及其開發前景展望[J]. 太陽能學報，2011，32（6）：913-923.

[41] 邱守強．擺式波能轉換裝置研究[D]. 廣州：華南理工大學，2013.

[42] 鄂世舉，金建華等. 波浪能捕獲及發電裝置研究進展與技術分析[J]. 機電工程，2016（12）.

[43] 王世明，楊倩雯. 波浪能波浪能發電裝置綜述[J]. 科技視界，2013（06）.

[44] 李彥，羅續業，路寬. 潮流能、波浪能海上試驗與測試場建設主要問題分析 [J]. 海洋開發與管理，2013，30（2）：36-39.

[45] 張學超，李向峰，史玉鋒等. 海洋能發展現狀及展望 [J]. 科技視界，2015，（16）：258.

[46] 王傳昆，盧葦. 海洋能資源分析方法及儲量評估 [M]. 北京：海洋出版社，2009.

[47] WU S，LIU C，CHEN X. Offshore wave energy resource assessment in the East China Sea [J]. Renewable Energy，2015，76：628-636.

[48] 施偉勇，王傳昆，沈家法. 中國的海洋能資源及其開發前景展望 [J]. 太陽能學報，2011，（06）：913-923.

[49] 馬懷書，於慶武. 中國毗鄰海區表面波能的初步估算 [J]. 海洋通報，1983，（03）：73-82.

[50] 劉首華，楊忠良，岳心陽等. 山東省周邊海域波浪能資源評估 [J]. 海洋學報，2015，（07）：108-122.

[51] 呂超，劉爽，王世明等. 海洋可再生能源發電裝備技術的發展現狀與共性問題研究[J]. 水力發電學報，2015，（02）：195-198.

[52] 趙偉國，劉玉田，王偉勝. 海洋可再生能源發電現狀與發展趨勢 [J]. 智能電網，2015，（06）：493-499.

[53] ZHENG C W，ZHOU L，JIA B K，et al. Wave characteristic analysis and wave energy resource evaluation in the China Sea [J]. JOURNAL OF RENEWABLE AND SUSTAINABLE ENERGY，2014，6（4）：43101.

[54] 李居躍，何宏舟. 波浪能採集裝置技術研究綜述 [J]. 海洋開發與管理，2013，30（10）：67-71.

[55] 金翔龍.「十三五」期間中國海洋可再生能源發展的幾點思考 [J]. 海洋技術學報，2016，35（5）：1-4.

[56] 朱凱. 組合型振盪浮子波能發電裝置液壓系統研究 [D]. 青島：中國海洋大學，2015.

[57] 馬哲. 振盪浮子式波浪發電裝置的水動力學特性研究 [D]. 青島：中國海洋大學，2013.

[58] 高人杰. 組合型振盪浮子波能發電裝置研究 [D]. 青島：中國海洋大學，2012.

[59] 史宏達，高人杰，鄒華志. 一種振盪浮子波能發電裝置的研究 [C]. 北京：中國可再生能源學會 2011 年學術年會，2011.

[60] COIRO D P，TROISE G，CALISE G，et al. Wave energy conversion through a point pivoted absorber：Numerical and experimental tests on a scaled model [J]. Renewable Energy，2016，87 Part 1：317-325.

[61] DE ANDRES A，GUANCHE R，VIDAL C，et al. Adaptability of a generic wave energy converter to different climate conditions [J]. Renewable Energy，2015，78：322-333.

[62] BRAY J W，GE GLOBAL RES. N，NY，USA，FAIR R，et al. Wind and Ocean Power Generators [J]. Applied Superconductivity，IEEE Transactions on，2014，24（3）：294-302.

[63] 李龍，寇保福，劉邱祖，張延軍. 基於 AMESim 的電液調速系統的設計及仿真分析[J]. 機床與液壓，2015（02）.

[64] 王寶森，徐春紅，陳華. 世界海洋可再生能源的開發利用對中國的啓示[J]. 海洋開發與管理，2014（06）.

[65] 史丹，劉佳駿. 中國海洋能源開發現狀與政策建議[J]. 中國能源，2013（09）.

[66] 鄭崇偉，賈本凱，郭隨平，莊卉. 全球海

域波浪能資源儲量分析[J]. 資源科學，2013（08）.

[67] 蔡男，王世明. 波浪能利用的發展與前景[J]. 國土與自然資源研究，2012（06）.

[68] 高大曉，王方杰，史宏達，常宗瑜，趙林. 國外波浪能發電裝置的研究進展[J]. 海洋開發與管理，2012（11）.

[69] 韓冰峰，褚金奎，熊葉勝，姚斐. 海洋波浪能發電研究進展[J]. 電網與清潔能源，2012（2）.

[70] 趙麗君，黃晶華，郭慶. 一種新型波浪能液壓轉換裝置——雙向輸出高壓油回路的設計[J]. 可再生能源，2012（01）.

[71] 張麗珍，羊曉晟，王世明，梁擁成. 海洋波浪能發電裝置的研究現狀與發展前景[J]. 湖北農業科學，2011（01）.

[72] 李成魁，廖文俊，王宇鑫. 世界海洋波浪能發電技術研究進展[J]. 裝備機械，2010（02）.

[73] 焦永芳，劉寅立. 海浪發電的現狀及前景展望[J]. 中國高新技術企業，2010（12）.

[74] 劉美琴，鄭源，趙振宙，仲穎. 波浪能利用的發展與前景[J]. 海洋開發與管理，2010（03）.

[75] 程友良，黨岳，吳英杰. 波力發電技術現狀及發展趨勢[J]. 應用能源技術，2009（12）.

[76] 陳曦. 海洋能-待開發的藍海[J]. 裝備製造，2009（06）.

[77] 黃長征，譚建平. 液壓系統建模和仿真技術現狀及發展趨勢[J]. 韶關學院學報，2009（03）.

[78] 蔣秋飈，鮑獻文，韓雪霜. 中國海洋能研究與開發述評[J]. 海洋開發與管理，2008（12）.

[79] 王忠，王傳昆. 中國海洋能開發利用情況分析[J]. 海洋環境科學，2006（04）.

[80] 任建莉，鐘英杰，張雪梅，徐璋. 海洋波能發電的現狀與前景[J]. 浙江工業大學學報，2006（01）.

[81] 李繼剛，李殿森，楊慶保. 從正反兩個角度探討擺式波力電站的吸能機制[J]. 海洋技術，1999（01）.

[82] Drew，B，Plummer，A R，Sahinkaya，M N. A review of wave energy converter technology[J]，Proceedings of the Institution of Mechanical Engineers，2009（A8）.

[83] XAVIER GARNAUD，CHIANG C. MEI. Wave-power extraction by a compact array of buoys[J]，Journal of Fluid Mechanics，2009.

[84] James Tedd，Jens Peter Kofoed. Measurements of overtopping flow time series on the Wave Dragon，wave energy converter[J]，Renewable Energy，2008（3）.

[85] Ross Henderson. Design，simulation，and testing of a novel hydraulic power take-off system for the Pelamis wave energy converter[J]，Renewable Energy，2005（2）.

[86] Arthur E. Mynett，Demetrio D. Serman，Chiang C. Mei. Characteristics of Salter' s cam for extracting energy from ocean waves. Applied Ocean Research，1979.

[87] CAMERON L，DOHERTY R，HENRY A，et al. Design of the next generation of the Oyster wave energy converter. 3rd International Conference on Ocean Eenergy，2010.

[88] 盛鬆偉. 漂浮鴨式波浪能發電裝置研究[D]. 廣州：中國科學院廣州能源研究所，2012.

[89] Zheng Yonghong，You Yage，Sheng Songwei，et al. An stand-alone stable power generation sytem of floating wave energy [R]. Guangzhou：Research Report of Guang Zhou Institute of Energy Conversation Chinese Academy of Scinece，2008.

[90] 游亞戈，鄭永紅，馬玉久等. 海洋波浪能獨立發電系統的關鍵技術研究報告[R]. 廣

州：中國科學院廣州能源研究所研究報告，2006.

[91] 易孟林，朱 釩，鄒占江等. 自供式伺服變量泵節能液壓系統的研究[J]. 華中理工大學學報，1997，25（3）：57-59.

[92] Whittaker T J T. Learning from the Islay wave power plant[A]. Processings of the 1997 IEE Colloquium on Wave Power: An Engineering and Commercial persperpective[C], London，1997.

[93] 王春行. 液壓伺服控制系統（修訂本）[M]. 北京：機械工業出版社，1989.

[94] Wang Chunxing. Hydraulic servo control system[M]. Beijing: China Machine Press，1989.

[95] You Yage，Zheng Youhong，Sheng Yongming，et al. Wave energy study in China [J]. China Ocean Engineering，2003，17（1）：101-109.

[96] You Yage，Zheng Yonghong，Ma Yujiu，et al. Research and construction report of the oscillating buoy wave power system[R]. Guangzhou: Guangzhou Institute of Energy Conversion, Chinese Academy of Sciences，2012.

[97] 張皓然. 多點直驅式波浪能發電監控系統設計與開發[D]. 廈門：集美大學，2014.

[98] 韓光華. 越浪式波能發電裝置的能量轉換系統設計研究[D]. 青島：中國海洋大學，2013.

[99] 薑琳琳. 海洋浮標波浪能供電裝置設計研究[D]. 上海：上海海洋大學，2013.

[100] 黃晶華. 振盪浮子液壓式波浪能利用裝置的研究[D]. 北京：華北電力大學，2012.

[101] 趙麗君. 多點吸能浮子液壓式波浪發電裝置中液壓系統的分析與試驗[D]. 華北電力大學，2012.

[102] 黃煒. 浮力擺式波浪能發電裝置仿真與實驗研究[D]. 杭州：浙江大學，2012.

[103] 張文喜. 波浪能轉換裝置設計與仿真研究[D]. 廣州：華南理工大學，2011.

[104] 王凌宇. 海洋浮子式波浪發電裝置結構設計及試驗研究[D]. 大連：大連理工大學，2008.

[105] 李仕成. 振盪浮子式波能轉換裝置性能的實驗研究[D]. 大連：大連理工大學，2006.

[106] 劉海麗. 基於 AMESim 的液壓系統建模與仿真技術研究[D]. 西安：西北工業大學，2006.

[107] 張利平，液壓工程簡明手冊[M]. 北京：化學工業出版社，2011.

[108] 閻耀保，海洋波浪能量綜合利用[M]. 上海：上海科學技術出版社，2010.

[109] 褚同金，海洋能資源開發利用[M]. 北京：化學工業出版社，2005.

[110] ChongWei Zheng，Hui Zhuang，Xin Li，XunQiang Li. Wind energy and wave energy resources assessment in the East China Sea and South China Sea[J]. Science China Technological Sciences，2012（1）.

[111] Prosenjit Santra，Vijay Bedakihale，Tata Ranganath. Thermal structural analysis of SST-1 vacuum vessel and cryostat assembly using ANSYS[J]，Fusion Engineering and Design，2009（7）.

[112] S. Jebaraj，S. Iniyan，L. Suganthi，Ranko Goic. An optimal electricity allocation model for the effective utilisation of energy sources in India with focus on biofuels[J]，Management of Environmental Quality: An International Journal，2008（4）.

[113] M. Javed Hyder，M. Asif. Optimization of location and size of opening in a pressure vessel cylinder using ANSYS [J]，Engineering Failure Analysis，2007（1）.

[114] Ross Henderson. Design，simulation，and testing of a novel hydraulic power take-off system for the Pelamis

wave energy converter[J], Renewable Energy, 2005 (2) .

[115] M. Eriksson, J. Isberg, M. Leijon. Hydrodynamic modelling of a direct drive wave energy converter [J], International Journal of Engineering Science, 2005 (17) .

[116] Ajit Thakker, Thirumalisai Dhanasekaran, Hammad Khaleeq, Zia Usmani, Ali Ansari, Manabu Takao, Toshiaki Setoguchi. Application of numerical simulation method to predict the performance of wave energy device with impulse turbine[J], Journal of Thermal Science, 2003 (1) .

[117] Yoichi Kinoue, Toshiaki Setoguchi, Tomohiko Kuroda, Kenji Kaneko, Manabu Takao, Ajit Thakker. Comparison of performances of turbines for wave energy conversion[J], Journal of Thermal Science, 2003 (4) .

[118] L. Huang, S. S. Ge, T. H. Lee. Fuzzy unidirectional force control of constrained robotic manipulators [J], Fuzzy Sets and Systems, 2002 (1) .

[119] William J. Rider, Douglas B. Kothe. Reconstructing Volume Tracking [J], Journal of Computational Physics, 1998 (2) .

[120] Thomas Y. Hou, Zhilin Li, Stanley Osher, Hongkai Zhao. A Hybrid Method for Moving Interface Problems with Application to the Hele-Shaw Flow [J], Journal of Computational Physics, 1997 (2) .

[121] Shea Chen, David B. Johnson, Peter E. Raad. Velocity Boundary Conditions for the Simulation of Free Surface Fluid Flow[J], Journal of Computational Physics, 1995 (2) .

[122] Lou Jing, Stan R. Massel. A combined refraction-diffraction-dissipation model of wave propagation [J], Chinese Journal of Oceanology and Limnology, 1994 (4) .

[123] 羅國亮，職菲. 中國海洋可再生能源資源開發利用的現狀與瓶頸[J]. 經濟研究參考，2012 (51) .

[124] 鄭崇偉，周林. 近 10 年南海波候特徵分析及波浪能研究[J]. 太陽能學報，2012 (08) .

[125] 鮑經緯，李偉，張大海，林勇剛，劉宏偉，石茂順. 基於液壓傳動的蓄能穩壓浮力擺式波浪能發電系統分析[J]. 電力系統自動化，2012 (14) .

[126] 鄭崇偉，李訓強，潘靜. 近 45 年南海-北印度洋波浪能資源評估[J]. 海洋科學，2012 (06) .

[127] 王帥，劉小康，陸龍生. 直流式低速風洞收縮段收縮曲線的仿真分析[J]. 機床與液壓，2012 (11) .

[128] 鄭崇偉，潘靜. 全球海域風能資源評估及等級區劃[J]. 自然資源學報，2012 (03) .

[129] 鄭崇偉，李訓強. 基於 WAVEWATCH-Ⅲ模式的近 22 年中國海波浪能資源評估[J]. 中國海洋大學學報（自然科學版），2011 (11) .

[130] 李丹，白保東，俞清，朱寶峰. 漂浮式海浪發電系統研究[J]. 太陽能學報，2011 (10) .

[131] 鄭崇偉，周林，周立佳. 西沙、南沙海域波浪及波浪能季節變化特徵[J]. 海洋科學進展，2011 (04) .

[132] 施偉勇，王傳昆，沈家法. 中國的海洋能資源及其開發前景展望[J]. 太陽能學報，2011 (06) .

[133] 楊瀟坤，楊陽，吕容君. 海底固定式波浪發電研究報告[J]. 科技風，2011 (07) .

[134] 高艷波，柴玉萍，李慧清，陳紹艷. 海洋可再生能源技術發展現狀及對策建議[J]. 可再生能源，2011 (02) .

[135] 張文喜，葉家瑋. 擺式波浪能發電技術研究[J]. 廣東造船，2011 (01) .

[136] 肖惠民，於波，蔡維由. 世界海洋波浪能發電技術的發展現狀與前景[J]. 水電與新能源，2011 (01).

[137] 張麗珍，羊曉晟，王世明，梁擁成. 海洋波浪能發電裝置的研究現狀與發展前景[J]. 湖北農業科學，2011 (01).

[138] 沈利生，張育賓. 海洋波浪能發電技術的發展與應用[J]. 能源研究與管理，2010 (04).

[139] 閆強，陳毓川，王安建，王高尚，於汶加，陳其慎. 中國新能源發展障礙與應對：全球現狀評述[J]. 地球學報，2010 (05).

[140] 劉贊強，張寧川. 基於 Longuet-Higgins 模型的畸形波模擬方法[J]. 水道港口，2010 (04).

[141] 王坤林，游亞戈，張亞群. 海島可再生獨立能源電站能量管理系統[J]. 電力系統自動化，2010 (14).

[142] 游亞戈，李偉，劉偉民，李曉英，吳峰. 海洋能發電技術的發展現狀與前景[J]. 電力系統自動化，2010 (14).

[143] 李成魁，廖文俊，王宇鑫. 世界海洋波浪能發電技術研究進展[J]. 裝備機械，2010 (02).

[144] 張振，肖陽，諶瑾. 基於直線電機的波浪能發電系統綜述[J]. 船電技術，2010 (06).

[145] 焦永芳，劉寅立. 海浪發電的現狀及前景展望[J]. 中國高新技術企業，2010 (12).

[146] 戴慶忠. 潮流能發電及潮流能發電裝置[J]. 東方電機，2010 (02).

[147] 劉美琴，鄭源，趙振宙，仲穎. 波浪能利用的發展與前景[J]. 海洋開發與管理，2010 (03).

[148] 叢濱. 基於波能理論建立海浪模型的方法研究[J]. 矽谷，2010 (05).

[149] 徐錠明，曾恆一. 大力加強中國海洋能研究開發利用[J]. 中國科技投資，2010 (03).

[150] 張大海，李偉，林勇剛，劉宏偉，應有. 基於 AMESim 的海流能發電裝置液壓傳動系統的建模與仿真[J]. 太陽能學報，2010 (02).

[151] 程友良，黨岳，吳英杰. 波力發電技術現狀及發展趨勢[J]. 應用能源技術，2009 (12).

[152] 劉美琴，仲穎，鄭源，趙振宙. 海流能利用技術研究進展與展望[J]. 可再生能源，2009 (05).

[153] 劉寅立，焦永芳. 波能轉換過程中的數學模型綜述[J]. 中國高新技術企業，2009 (18).

[154] 謝秋菊，廖小青，盧冰，陳曉華. 中國外潮汐能利用綜述[J]. 水利科技與經濟，2009 (08).

[155] 杜祥琬，黃其勵，李俊峰，高虎. 中國可再生能源戰略地位和發展路線圖研究[J]. 中國工程科學，2009 (08).

[156] 崔琳，王海峰，熊焰，郭毅，黃勇，王鑫，楊立. 波浪能發電系統轉換效率實驗室測試技術研究[J]. 海洋技術，2009 (02).

[157] 任建莉，羅譽婭，陳俊杰，張雪梅，鐘英杰. 海洋波浪資訊資源評估系統的波力發電應用研究[J]. 可再生能源，2009 (03).

[158] 孟嘉源. 中國海洋電力業的開發現狀與前景[J]. 山西能源與節能，2009 (02).

[159] 張大海，李偉，林勇剛，應有，楊燦軍. 基於液壓傳動的海流能蓄能穩壓發電系統仿真[J]. 電力系統自動化，2009 (07).

[160] 劉寅立，焦永芳. 波浪能開發與利用研究進展[J]. 中國高新技術企業，2009 (02).

[161] 蔣秋飈，鮑獻文，韓雪霜. 中國海洋能研究與開發述評[J]. 海洋開發與管理，2008 (12).

[162] 龔媛. 世界波浪發電技術的發展動態[J]. 電力需求側管理，2008 (06).

[163] 趙世明，劉富鈾，張俊海，張智慧，白楊，張榕. 中國海洋能開發利用發展戰略研究的基本思路[J]. 海洋技術，2008 (03).

[164] 游亞戈. 中國海洋能產業狀況[J]. 高科技與產業化，2008 (07).

[165] 勾艷芬，葉家瑋，李峰，王冬姣. 振盪浮子式波浪能轉換裝置模型試驗[J]. 太陽能學報，2008(04).

[166] 商雪，李樹森. 電動造波機的研究與設計[J]. 港工技術，2008(02).

[167] 戴慶忠. 潮汐發電的發展和潮汐電站用水輪發電機組[J]. 東方電氣評論，2007(04).

[168] 吴必軍，游亞戈，馬玉久，李春林. 波浪能獨立穩定發電自動控制系統[J]. 電力系統自動化，2007(24).

[169] 李春華，張德會. 國外可再生能源政策的比較研究[J]. 中國科技論壇，2007(12).

[170] 劉富鈾，趙世明，張智慧，徐紅瑞，孟潔，張榕. 中國海洋能研究與開發現狀分析[J]. 海洋技術，2007(03).

[171] 陶果，邱阿瑞，鄧琦，範航宇. 新型直線波力發電機定位力分析[J]. 微電機，2007(06).

[172] 蘇永玲，餘克志. 振盪浮子式波浪能轉換裝置的優化計算[J]. 上海水產大學學報，2007(02).

[173] 吴必軍，鄧贊高，游亞戈. 基於波浪能的蓄能穩壓獨立發電系統仿真[J]. 電力系統自動化，2007(05).

[174] 平麗，董國海，游亞戈，李仕成. 地形對岸式波能裝置性能的影響研究[J]. 計算力學學報，2007(01).

[175] 李峰，葉家瑋，勾艷芬. 波浪發電系統研究[J]. 廣東造船，2006(04).

[176] 王忠，王傳崑. 中國海洋能開發利用情況分析[J]. 海洋環境科學，2006(04).

[177] 袁思鋭. 世界海洋發電技術的發展展望[J]. 大電機技術，2006(05).

[178] 盛鬆偉，游亞戈，馬玉久. 一種波浪能實驗裝置水動力學分析與優化設計[J]. 海洋工程，2006(03).

[179] 黄銘，George A. Aggidis. 英國波浪發電設備及其係泊系統的研究[J]. 水電能源科學，2006(04).

[180] 黄忠洲，餘志，蔣念東. OWC 波能轉換裝置輸出控制技術的研究[J]. 節能技術，2006(03).

[181] 任建莉，鐘英杰，張雪梅，徐璋. 海洋波能發電的現狀與前景[J]. 浙江工業大學學報，2006(01).

[182] 高學平，李昌良，張尚華. 複雜結構形式的海堤波浪力及波浪形態數值模擬[J]. 海洋學報（中文版），2006(01).

[183] 李曉英. 海洋可再生能源發展現狀與趨勢[J]. 四川水力發電，2005(06).

[184] 範航宇，邱阿瑞，陶果. 一種漂浮式波浪發電裝置的電能後處理[J]. 電氣應用，2005(09).

[185] 馬延德，關偉姝，王言英. 波浪中浮式生產儲油船（FPSO）的運動與荷載計算[J]. 哈爾濱工程大學學報，2005(04).

[186] 劉加海，楊永全，張洪雨，李剛. 二維數值水槽波浪生成過程及波浪形態分析[J]. 四川大學學報（工程科學版），2004(06).

[187] 高祥帆，游亞戈. 海洋能源利用進展[J]. 中國高校科技與產業化，2004(06).

[188] 鄧隱北，熊雯. 海洋能的開發與利用[J]. 可再生能源，2004(03).

[189] 李偉，趙鎮南，王迅，劉奕晴. 海洋溫差能發電技術的現狀與前景[J]. 海洋工程，2004(02).

[190] Yoichi Kinoue，Toshiaki Setoguchi，Tomohiko Kuroda，Kenji Kaneko，Manabu Takao，Ajit Thakker. Comparison of Performances of Turbines for Wave Energy Conversion[J]. Journal of Thermal Science，2003(04).

[191] 蘇永玲，謝晶，葛茂泉. 振盪浮子式波浪能轉換裝置研究[J]. 上海水產大學學報，2003(04).

[192] 劉正奇. 波浪發電裝置低輸出狀態的利用研究[J]. 機電工程技術，2003(06).

[193] 唐黎標. 海水鹽差發電[J]. 太陽能，2003(02).

[194] 梁賢光，孫培亞，游亞戈. 汕尾 100kW 波力電站氣室模型性能試驗[J]. 海洋工

程，2003（01）.
[195] 李孟國，王正林，蔣德才. 近岸波浪傳播變形數學模型的研究與進展[J]. 海洋工程，2002（04）.
[196] 劉月琴，武強. 岸式波力發電裝置水動力性能試驗研究[J]. 海洋工程，2002（04）.
[197] 武全萍，王桂娟. 世界海洋發電狀況探析[J]. 浙江電力，2002（05）.
[198] 陳漢寶，鄭寶友. 水槽造波機參數確定及無反射技術研究[J]. 水道港口，2002（02）.
[199] 婁小平. 海浪發電技術應用的最新進展[J]. 國際電力，2001（03）.
[200] 王德茂. 波浪能風能的聯合發電裝置[J]. 能源技術，2001（04）.
[201] 杜文朋，包鳳英，戴哈莉. 淺議當今世界海洋發電的發展趨勢[J]. 廣東電力，2001（01）.
[202] 邱大洪，王永學. 21世紀海岸和近海工程的發展趨勢[J]. 自然科學進展，2000（11）.
[203] 聞邦椿，李以農，何京力. 波及波能利用技術的最新發展[J]. 振動工程學報，2000（01）.
[204] 王慶一. 中國21世紀能源展望[J]. 山西能源與節能，2000（01）.
[205] 徐柏林，馬勇，金英蘭. 當今世界海洋發電發展趨勢[J]. 發電設備，2000（01）.
[206] 梁賢光，蔣念東，王偉，孫培亞. 5kW後彎管波力發電裝置的研究[J]. 海洋工程，1999（04）.
[207] 李孟國，蔣德才. 關於波浪緩坡方程的研究[J]. 海洋通報，1999（04）.
[208] 劉全根. 世界海洋能開發利用狀況及發展趨勢[J]. 能源工程，1999（02）.
[209] 李繼剛，李殿森，楊慶保. 從正反兩個角度探討擺式波力電站的吸能機制[J]. 海洋技術，1999（01）.
[210] 李繼剛. 擺式波力電站中幾個重要參數的設計[J]. 海洋技術，1998（01）.
[211] 王傳昆. 中國海洋能資源開發現狀和戰略目標及對策[J]. 動力工程，1997（05）.
[212] 徐洪泉，潘羅平，李飛. 軸流式水輪機軸向水推力測試研究[J]. 水利水電技術，1996（12）.
[213] 閻季惠. 國外海洋能的利用及中國的海洋能開發[J]. 海洋技術，1996（02）.
[214] 餘志，蔣念東，游亞戈. 大萬山岸式振盪水柱波力電站的輸出功率[J]. 海洋工程，1996（02）.
[215] 餘志. 中國海洋波浪能的應用與發展[J]. 太陽能，1995（04）.
[216] 陳加菁，王冬蛟，王龍文. 波浪發電系統的水動力匹配準則[J]. 水動力學研究與進展（A輯），1995（06）.
[217] 陳加菁，王龍文. 波力發電方案的工程性探討[J]. 海洋工程，1995（01）.
[218] 金忠青，戴會超. 壩下消能工局部水流的數值模擬[J]. 水動力學研究與進展（A輯），1994（02）.
[219] 梁賢光，高祥帆，鄭文杰，餘志，蔣念東，侯湘琴，游亞戈. 珠江口岸式波力試驗電站[J]. 海洋工程，1991（03）.
[220] 蘇偉東. 不規則波浪模擬的基本原理[J]. 河海大學學報，1988（04）.
[221] 餘志. 波動理論在海洋波浪能利用中的應用[J]. 自然雜誌，1987（10）.
[222] 陳加菁，何明楷. 波能轉換裝置在不規則波中的性能[J]. 華南工學院學報（自然科學版），1986（04）.
[223] 吳碧君. 關於波力發電中波浪能量的估算[J]. 海洋工程，1985（01）.
[224] 王傳昆. 中國沿岸波浪能資源狀況的初步分析[J]. 東海海洋，1984（02）.
[225] 劉鶴守，高祥帆. 海洋波浪能與波能轉換[J]. 自然雜誌，1982（05）.

波浪能發電裝置設計和製造

作　　者：劉延俊
發 行 人：黃振庭
出 版 者：崧燁文化事業有限公司
發 行 者：崧燁文化事業有限公司
E-mail：sonbookservice@gmail.com
粉 絲 頁：https://www.facebook.com/sonbookss/
網　　址：https://sonbook.net/
地　　址：台北市中正區重慶南路一段六十一號八樓 815 室
Rm. 815, 8F., No.61, Sec. 1, Chongqing S. Rd., Zhongzheng Dist., Taipei City 100, Taiwan
電　　話：(02) 2370-3310
傳　　真：(02) 2388-1990
印　　刷：京峯彩色印刷有限公司（京峰數位）
律師顧問：廣華律師事務所 張珮琦律師

定　　價：380 元
發行日期：2022 年 03 月第一版
◎本書以 POD 印製

國家圖書館出版品預行編目資料

波浪能發電裝置設計和製造 / 劉延俊著 . -- 第一版 . -- 臺北市：崧燁文化事業有限公司 , 2022.03
面；　公分
POD 版
ISBN 978-626-332-108-3(平裝)
1.CST: 發電系統 2.CST: 波動 3.CST: 能源技術
448.166　111001493

電子書購買

臉書